Taschenbuch
für
gebildete Curgäste,
oder
Anleitung
zum zweckmäßigen äußeren und inneren
Gebrauch der Mineralwasser
und
der dabei zu beobachtenden
Brunnendiät.

Von
Dr. Anton Theobald Brück,
Brunnenarzt zu Driburg,
Mitglied der Kön. Gesellschaft der Aerzte zu Kopenhagen, der medicinisch-philosophischen Gesellschaft zu Würzburg, der medicinischen Gesellschaft zu Münster, der mineralogischen Gesellschaft zu Jena, der Gesellsch. für die Cultur des Vaterlandes zu Minden rc.

Berlin,
G. Reimer.
1833.

Inhalt.

Erste Abtheilung.

Anleitung zum zweckmäßigen äußeren und inneren Gebrauch der Mineralwasser.

Zweite Abtheilung.

Brunnendiätetik.

Erste Abtheilung.

Anleitung zum zweckmäßigen äußeren und inneren Gebrauch der Mineralwasser.

Werth und Bedeutung einer Brunnen- und Badecur.

Wer eine Brunnen- und Badecur beginnt, hat wohl zu erwägen, daß er an der Schwelle eines bedeutenden Unternehmens steht. — Mit ruhigem Ernst und heiterm Vertrauen geziemt es sich, einem jeden erfolgreichen Lebensmoment entgegen zu treten; und ein solcher ist es, wo durch eine tief eingreifende Cur der gesammte Organismus in Anspruch genommen wird — sey es, um das Lebensfeuer von den Schlakken böser Stoffe zu reinigen, von welchen es unterdrückt war, oder sey es, um mit neuem Brennstoffe die verkümmerte, erlöschende Flamme von Neuem anzufachen. Wen aber die Noth des Lebens so tief gebeugt hätte, daß er jenes heitre Vertrauen aus eigener Kraft zu fassen nicht mehr im Stande wäre; wer, selbst willenlos, nur noch einem fremden Geheiß folgend, einen solchen Versuch zu machen bewogen wäre: auch von einem Solchen müßte mindestens eine ruhige Resignation beim Beginne der Cur erwartet werden. Denn Ruhe ist das nächste Bedürfniß des Keimes, dem die Blüthe der Hoffnung entsprießen und demnächst die Frucht der Genesung entwachsen soll. Jene liegt uns selbst zu erwecken und zu befördern ob; — für das fernere Gedeihen, für Regen und Sonnenschein wird dann ein gütiger Himmel sorgen.

Was aber kann der ruhigen Sammlung der inneren Lebenskraft förderlicher seyn, als der Aufenthalt an einem Badeorte? Hieher hat der Kranke, von den Stürmen des Lebens Zerrüttete sich zurückgezogen, gleichsam in einen sicheren Hafen, um sein verletztes Lebensschifflein wieder auszubessern und demnächst mit erneutem Muthe die hohe See wieder zu befahren. Hieher folgt dem Beamten kein Pedell mit neuen Actenstößen; — hier stört kein Courier die späte Nachtruhe des Diplomaten; — hier ruft nicht der Glockenschlag den Officier zur Parade, nicht den Professor in den Hörsaal, nicht den Kaufmann zur

Börse; — hier lebt die Dame, dem Zwange der Etikette enthoben, fern von den goldnen Carrossen und goldnen Salons, in denen sie wechselnd den verspäteten Tag zuzubringen genöthigt war; — hier ist es der vielfach angesprochenen Hausfrau vergönnt, das schwere Schlüsselbund, das Emblem ihrer administrativen Gewalt, nieder zu legen — und Alle umschlingt ein einfach natürliches Band gegenseitiger Eintracht und Anerkennung, Alle vereint ein gleicher Zweck, Allen steht, näher oder ferner, ein gleiches Ziel.

Zwar ist in dieser Hinsicht ein großer Unterschied zwischen den verschiedenen Curorten, deren manche den geräuschvollsten Jahrmärkten vergleichbar, manche den luxusreichsten Residenzstädten nicht nachstehen; indeß doch allen, zum Wohle der wirklich Kranken, die friedliche Heiterkeit des Landlebens zu wünschen wäre!

Einen unverkennbaren Vorzug hat in dieser Hinsicht gegenwärtig das Leben in den deutschen Bädern dadurch gewonnen, daß der böse Genius der Spielsucht, wenn auch nicht ganz daraus verdrängt, doch sehr in den Hintergrund getreten ist. Auch ein übertriebener Luxus kann nur noch in jenen Bädern aufkommen, deren Besuch selbst eben zum modernen Luxus gehört, und welche man wohl die diplomatischen Bäder genannt hat. Hinlängliche Spuren dieser Wucherblume zeigen freilich auch die minder gesuchten Bäder, so daß der Vorschlag einer Dame: es möchte eine allgemeine Badeuniform eingeführt werden, wohl überall unter die frommen Wünsche zu rechnen seyn wird. — Außer der Spielsucht und Modesucht war früher noch die Tanzsucht ein Moment, welches als die zur Badecur nothwendige Ruhe störend angeklagt wurde. Auch diese hat in neueren Zeiten auf eine so merkliche Weise abgenommen, daß die Anthropologen und Moralisten darüber Erklärungsversuche für nöthig erachtet haben, ja daß bedenkliche Politiker darüber den Kopf geschüttelt haben, wie jetzt die männliche Jugend vorzugsweise so ernst und still werde.

Wenn die Brunnencuren unsrer Zeit nicht unpassend den Tempelheilungen der Vorzeit verglichen sind: so ist beiden Heilarten besonders das gemeinschaftlich, daß die Kranken hier wie dort, ehe sie das Heiligthum Aesculap's betreten, sich befreien sollen von allen Sorgen und Leidenschaften des täglichen Lebens, und in diesem Sinne waren die Bäder des Antonin mit der Inschrift versehen:

Von Sorgen befreit besuche diesen Ort, damit du von Krankheit befreit ihn verlassen mögest; denn wer Sorgen hat, wird hier nicht geheilt. *)

Vereinigt sich nun von außen so Vieles, den Badeort zu einem Ort der Ruhe, fern von den drängenden Geschäften des Lebens zu machen: so wird auch der Curgast seinerseits zur Erreichung dieses Zweckes das Nothwendige zu erfüllen haben. Zunächst wird ihn das Bewußtseyn beruhigen, daheim Alles in gehöriger Obsicht und Ordnung zurückgelassen zu haben. Die Sorge um des Hauses Wohl wächst leicht mit der Entfernung von demselben und kann in wahres Heimweh übergehen. Nichts aber ist einer gedeih-

*) Curarum vacuus adeas hunc locum, ut morborum vacuus abire queas; non enim hic curatur, qui curat.

lichen Cur hinderlicher, als dieses — eine neue Krankheit zum alten Leiden! Welch ein unnatürlich zerrissener Zustand, wenn nur der Körper am Badeorte ist, unterdeß die Seele in die Heimath geflohen! Solches Heimweh wird Vielen durch die Liebe zu den Ihrigen bereitet; Viele aber — was schlimmer ist — entzweit so die Sorge, die Noth, die Eifersucht — mit oder ohne wahren Grund. Nicht selten ist jedoch dieser Zustand das Ergebniß der psychischen Unselbstständigkeit, welche so vieler Nervenkrankheiten Symptom ist, um derentwillen eben das Bad besucht wird. Dann war er voraus zu sehen, und ein stützender Begleiter aus der Heimath war, wo möglich, dem Kranken zuzugesellen. Glücklicher Weise beobachtet man nicht selten, daß solche Heimwehkranke im Laufe der Cur die heitersten Gäste werden. Daß sie an dem neuen Aufenthaltsorte erst Wurzel fassen, ist eine Seelsorge, welche zunächst dem Brunnenarzt anheim fällt, dessen Thätigkeit am allerwenigsten sich auf Receptschreiben beschränken darf.

Jedenfalls ist es rathsamer, ohne Begleitung in's Bad zu reisen, als in unbequemer! Man sagt, daß eine Badereise denen, welche die Freuden des häuslichen Lebens nicht ohne einen gewissen Druck genießen, eine angenehme Erleichterung gewähre — diesen wäre es wohl ein überflüssiger Rath: vor Allem das drückende Element daheim zu lassen; sie werden sich von der Lichtenberg'schen Bemerkung, daß „kurze Trennungen der im Himmel Zusammengeschlossenen vermittelst der Badereisen überaus zuträglich sind," gern überzeugen.

Soll die Mutter, welcher eine Badecur angerathen ist, die Kinder mitnehmen — wenigstens die jüngeren, von denen ihr die Trennung so hart wird? Diese Frage ist nothwendig an den Verstand zunächst zu richten, wie sehr sich auch das Herz bestreben möge, die Antwort vorweg zu geben. Was Säuglinge anbelangt, so versteht sich von selbst, daß die Mutter solche vorher absetzen müsse, um sich mit Nutzen der Einwirkung der Cur zu ergeben; überhaupt aber gilt die Regel, keine kleinen Kinder mit an den Curort zu bringen; zunächst um der Kleinen selbst willen, die dort nie die Kost und Pflege ganz wie zu Hause finden und so leichter erkranken; sodann um der Mutter willen, welcher die ruhige Cur so sehr durch die lärmenden Kleinen gestört wird, wenn sie wohl sind, und vollends, wenn sie selbst erkranken sollten; endlich geben Kinder, indem sie die übrigen Curgäste leicht belästigen, zu manchen Mißhelligkeiten Anlaß, besonders an Badeorten, wo die Curgäste auf das Zusammenwohnen in Logirhäusern angewiesen sind.

Ein großer Troß von Dienerschaft endlich ist überall mehr ein Hinderniß, als ein Mittel zur Bequemlichkeit; vorzugsweise am Bade.

Vorbereitungs-Curen. — Künstliche Mineralwasser.

„Die Vorbereitung zur Brunnencur, sagt Marcard, besteht in der zweckmäßigen Behandlung des Gesundheitszustandes und der besonderen Beschaffenheit des Körpers, und in der Stimmung desselben zur Aufnahme und Verdauung des Brunnens."

Es sind gewöhnlich jahrelange, tiefgewurzelte

Leiden, welche einen Kranken endlich, nachdem die Heilmittel der Apotheke fruchtlos erschöpft sind, zum Versuch einer Brunnencur bestimmen. Nicht selten ist nun durch das anhaltende, wiederholte Feldgeschrei: „Alle zwei Stunden einen Eßlöffel voll!" der Magen und Darmcanal der Kranken dermaßen allarmirt, daß ihm Nichts erquickender ist, als ein Waffenstillstand, welchen die Brunnencur verheißt. Aber noch steht ihm eine „Vorbereitungscur" bevor, meistens aus auflösenden, abführenden Mitteln, Aderlassen, Schröpfen rc. bestehend — so war es wenigstens lange Zeit der Brauch. Ist es aber nicht, bei Lichte betrachtet, die Krankheit selbst, welche den Kranken zur Brunnencur vorbereitet, das heißt, ihrer bedürftig macht? In vielen Fällen, und gerade in den passendsten, gewiß. Ich führe nur die Bleichsucht als Beispiel an, eine Krankheit, welche dem, vorzugsweise in die Sinne fallenden Symptome, der bleichen Farbe, ihren Namen verdankt. Durch ein andauerndes Siechthum ist hier dem Blute allgemach der charakteristische rothfärbende Bestandtheil entzogen, so daß bei ausgebildeter Krankheit durch einen Hautschnitt, durch einen Blutegelstich, statt rothen Blutes eine wässerige Feuchtigkeit ausfließt. Ist es nun nicht dieses Siechthum selbst, welches den Körper zur Aufnahme des kohlensauren Eisenwassers „vorbereitet" hat, welches letztere von Tage zu Tage sichtlicher dem Blute seine verlorene Röthe wiedergebend, zugleich die übrigen Leiden des Kranken (Muskelschwäche, Kurzathmigkeit rc.) stillt? Würde es nicht thöricht seyn, wenn man den Bleichsüchtigen zur Eisencur „vorzubereiten" glaubte, indem man einzelne Symptome seines Leidens vorher durch andere Mittel zu tilgen suchte — etwa durch spirituöse Einreibungen die Muskelschwäche u. s. f.? — „Mir kommt es fast eben so vor (sagt der alte Unzer), als wenn ein Chymist, um Nichts mit einer unstudirten Hausfrau gemein zu haben, nach chemischen Kunstgriffen wollte aus Milch Butter verfertigen: er destillirt in einem Kolben die Molken ab, er digerirt, evaporirt, präcipitirt oder nimmt sonst hundert Künsteleien vor, bis er endlich so etwas Butterähnliches von seiner Milch bekommt. Dahingegen eine erfahrne Hausmagd mit ihrem Butterfaß in einer Viertelstunde zu ordentlicher Butter gelangt. Eben so vielerlei Umschweife verwenden oft die Aerzte, um einen kranken Fuß oder Arm in Ordnung zu bringen: sie reichen jetzt Etwas, um die Säfte zu verdünnen und in Bewegung zu bringen, bald wird was verordnet, die Ausdünstung zu vermehren, man sucht die festen Theile zu stärken u. s. w." — — Es gab Aerzte, welche des frommen, den Arzt, oft aber nachher auch den Kranken selig machenden Glaubens waren, daß für jedes Krankheitssymptom ein Mittel in der Natur vorräthig sey, daher die ellenlangen Recepte unsrer Vorfahren, die gegen jedes Symptom ein Mittelchen enthielten; so gab es Brunnenärzte, welche meinten, daß für jedes chronische Leiden irgend ein Brunnen fließen müßte, nur käme man oft nicht an die rechte Quelle, die — vielleicht auch wohl noch nicht entdeckt wäre. Wenn solche teleologische Ansichten allgemach mit Recht aus der Wissenschaft verschwinden, so muß auch das symptomatische Curiren — und dazu gehören in der Regel die in Rede stehenden „Vorbereitungscuren" — nach und nach ein Ende nehmen. Die Fälle, wo es bei richtiger Wahl des Brunnens dennoch einer Vorbereitung durch Arzneien, z. B. frische Kräutersäfte, Molken ꝛc. bedürfte, sind gewiß seltner, als man noch zu glauben scheint. In diesen ist denn auch so sehr der individuelle Zustand zu berücksichtigen, daß von unserm Standpunkte aus nicht wohl Etwas darüber berathen werden kann, und die Sache dem behandelnden Arzte anheim gegeben werden muß.

Die beste Vorbereitung zur Brunnencur besteht in allmähliger Entwöhnung alles dessen, was im gewohnten Lebenslaufe als schädlich anerkannt ist, in Vereinfachung der Bedürfnisse und Genüsse, kurz: in allmähliger Rückkehr zur einfachen Natur. Wer gewohnt ist, in den Tag hinein zu schlafen, und in die Nacht hinein zu machen, versuche schon zu Hause allgemach das unnatürliche Verhalten umzukehren; denn am Brunnen macht bereits der frühe Morgen seine Ansprüche an den Curgast. Wie Linné eine Stundenuhr aus Pflanzen nach deren allmähligem Erwachen zusammengesetzt, so hat Jean Paul eine solche aus Menschen verschiedener Stände, nach deren früherem oder späterem Aufstehen entworfen; —

am Brunnen aber gilt nur eine, die Sonnen-Uhr, für Alle — sie ordnet alle Angelegenheiten des Tages. Eben so bereite man sich durch einfache Diät in jeder Hinsicht zur Brunnencur vor.

Manche glauben zu einer Badecur sich durch ein monatelang tägliches Baden zu Hause vorbereiten zu müssen, nehmen Flußbäder, ehe sie in's Seebad gehen, oder besuchen ein indifferentes Bad, ehe sie zu einem kräftigen reisen — ein Verfahren, welches in der Regel mehr schadet als nützt. Solches tägliche Baden erschlafft nicht selten und consumirt die Kräfte, deren die Hauptcur, um gehörige Reaction zu bewirken, bedurft hätte. — Wohl thun Diejenigen, welche im Sommer eine ordentliche Badecur vornehmen wollen, schon im Frühjahre wöchentlich bei gutem Wetter ein und das andere Bad zu nehmen — etwa wie man ein mäßiges Frühstück vor dem Mittagessen nimmt, ohne sich jedoch dadurch Appetit und Verdauungskraft zu letzterem zu benehmen.

Ein stets rathsames Vorbereitungsmittel zu einer Badesaison ist eine Frühlingscur von — frischer Luft, von täglicher Bewegung im Freien, die, wo möglich schon Morgens vor dem Frühstücke mit einem Glase Wasser beginne, wozu zweckmäßig das versendete Wasser des Brunnens, welchen man zu besuchen gedenkt, angewandt werden kann. *)

Mit dem Gebrauch eines versendeten an Kohlensäure reichen Brunnens, z. B. dem Driburger, Herster, Pyrmonter, Selterser, verbindet man denn auch bequem den Gebrauch frisch ausgepreßter, auflösender Pflanzensäfte nach Grapengießers Anweisung; eine Methode, welcher auch der hocherfahrne Stieglitz in seinen „patholog. Untersuchungen" das Wort redet. Die Kohlensäure des Mineralwassers ist eine wahre Würze für jene insipiden Extracte. Man beginnt mit einem mäßi-

*) Es ist zu bemerken, daß die versendeten Eisenwasser minder stärkend, dagegen mehr auflösend, als an der Quelle, zu wirken pflegen, indem sie, entfernt von dieser (bei gewöhnlicher Verkorkung) vornämlich einen Theil des Eisens und kohlensauren Gases einbüßen. Gerade diese Einwirkung aber ist es, die man gewöhnlich von einer Vorbereitungscur verlangt. — Auch Thermalwasser werden versendet, und wieder erwärmt, getrunken.

gen Glase Mineralwassers — nach zehn Minuten nimmt man einen Eßlöffel voll **Extractum graminis** und **Extractum taraxaci**, zugleich mit einem halben Glase Mineralwasser — nach zehn Minuten die gleiche Portion Mineralwasser — nach zehn Minuten wieder Extract und Mineralwasser, und zum Beschluß nach zehn Minuten ein Glas Mineralwasser allein. Nachdem man jene Pausen durch eine Promenade im Freien ausgefüllt hat, setzt man diese nach Beendigung des letzten Glases noch $\frac{1}{4}$ — $\frac{1}{2}$ Stunde fort, und trinkt dann eine Tasse recht warmen, schwarzen Kaffee, worauf dann gewöhnlich bald ein weicher Stuhlgang erfolgt.

Minder leicht wird die Molkencur als Frühlingscur vertragen.

Mit den Frühlings- und Vorbereitungs-Curen in nächster Verwandtschaft stehen die Curen vermittelst künstlich bereiteter Mineralwasser. Von diesen Surrogaten der natürlichen Heilquellen gilt, was von allen übrigen Surrogaten. Die künstlichen Mineralwasser verhalten sich zu den aus dem Schooße der Erde hervorquellenden, wie Kerzenlicht zum Sonnenlicht, wie Ofenwärme zur Frühlingswärme.

Wenn auch Bacon die „**Thermae artificiales**“ zu seinen „**Desideratis**“ zählt, die er von dem menschlichen Erfindungsgeiste erwartet: sie werden wohl nicht viel früher realisirt werden, als sein „Sabbat der Geister,“ das goldene Zeitalter, wo die Menschheit nur durch die Vernunft regiert werden soll. — Die künstlichen Mineralwasser sind achtungswerthe Beweise des menschlichen Strebens, die Natur nachzubilden; allein so wenig als alle Electrisirmaschinen der Physiker zusammen genommen im Stande sind, ein Donnerwetter hervorzubringen: so wenig sind alle Struve'schen, Paganini'schen 2c. Apparate im Stande, einen Carlsbader Sprudel hervorzubringen! Aeußert doch ein großer Chemiker (**Vauquelin**) hierüber: „man möchte vor Mitleid lachen, wenn man hört, daß in dieser Beziehung die Kunst Nebenbuhlerin der Natur sey!“ — Und wären in der That alle chemischen Bestandtheile eines solchen Naturwunders, wie der Sprudel, bekannt (was nicht ist, da immer neue darin entdeckt werden); wäre wirklich die analytische Kunst vollendet: damit wäre noch keineswegs die synthetische gegeben, deren doch die Fabrikation künstlicher Mineralwasser bedarf — man hätte dann, mit Göthe zu reden, zwar „die Theile in seiner Hand, fehlte aber leider! das geistige Band." Vergebens wird der Mensch nach der schöpferischen Kraft in diesem Sinne haschen! Die Statue konnte Pygmalion bilden, aber das Leben hauchten die Götter ihr ein; die Wasser kann der Chemiker bereiten, „aber der Geist schwebet nicht über den Wassern."

„Und noch Niemand hat's erkundet,
„Wie die große Mutter schafft.
„Unergründlich ist das Wirken,
„Unerforschlich ist die Kraft."

Immerhin mögen künstlich bereitete Wasser glückliche Curen bewirkt haben, wie ja auch unsre anderweitigen pharmaceutischen „Mixturen" heilsam wirken; nur verdrängen werden sie nimmer die Gaben, welche die Natur aus ewig lebendigen und belebenden Quellen den siechenden Menschen gütig gespendet; verdrängen werden sie diese am wenigsten in unsrer rastlosen Zeit, wo ganz Europa auf der Reise ist, wo den Meisten auch die Reise nach einem Curorte nicht nur heilsam, sondern auch willkommen erscheint, und daher um so eher unternommen wird.

Die Jahreszeit zur Cur. — Dauer derselben.

Die zweckmäßigste Jahreszeit zum Gebrauch einer Brunnen- und Badecur wird (abgesehen von häuslichen Umständen) bestimmt: 1) durch die individuelle Constitution und den Character der Krankheit; 2) durch die Art des Mineralwassers; 3) durch Lage, Clima und Eigenthümlichkeiten des Curortes.

Ist die Cur — z. B. bei Gicht, Hautkrankheiten, Rheumatismus etc. — vorzugsweise auf Crisen durch die Haut berechnet: so wird die Wärme der Sommermonate Juli und August solche befördern helfen. Unterleibskrankheiten, welche zur Unterstützung der Cur activer Leibesbewegungen bedürfen, sagt die wärmste Sommerzeit nicht so wohl zu. Es ist jedoch zu erwägen, daß die meisten Bäder, in bergigen Gegenden gelegen, auch an heißen Sommertagen frische Morgen und Abende darbieten. Nervenkranke leiden in der Regel bei großer Hitze. Es giebt deren, mit krankhaft gesteigerter Empfindlichkeit des Unterleibsnervensystems und consensuell des Hautsystems, welchen bei der geringsten Körper- oder Gemüthsbewegung plötzlich der Schweiß über den ganzen Körper ausbricht — solchen ist eine kühlere Curzeit zu wünschen.

Im nördlichen Deutschland (Nenndorf, Eilsen, Pyrmont, Driburg, Rehburg, Meinberg rc.) ist im Allgemeinen die beste Curzeit mit dem Augustmonat zu Ende, unterdeß in Wiesbaden, Carlsbad, Baden-Baden rc. sich dieselbe bis tiefer in den Herbst erstreckt, so wie sie in diesen warmen Bädern bereits im Frühlinge beginnt, wogegen die Norddeutschen Mineralbäder, die Seebäder, die Alpenbäder vor der Mitte des Juni leer zu seyn pflegen.

Aengstliche, schüchterne, durch langwierige Nervenleiden heruntergekommene Kranke, welche beim Eintritt in die große Gesellschaft peinlich, krampfhaft gestimmt, schwindlig werden, thun wohl, nicht zu geräuschvolle Bäder zu besuchen und beim Beginn der Curzeit einzutreffen, um sich allgemach an den Zufluß der Gesellschaft zu gewöhnen. Die spätere Jahreszeit, welche ihnen v. Ammon anräth, hat für solche reizbare Kranke oft das Unangenehme, daß sie sich täglich verlassener fühlen und mit jedem Abreisenden ihre Sehnsucht nach der Heimath wächst. In Driburg, welches von dergleichen Kranken häufig besucht wird, sehe ich sie am liebsten gegen Ende Juni eintreffen.

Die, von mehreren Aerzten, namentlich von Thilenius angerathenen Wintercuren, zunächst in warmen Bädern, scheinen, wie heilsam sie auch in bestimmten Fällen seyn mögen, nicht großen Eingang in Deutschland zu gewinnen. Im Allgemeinen ist auch anzunehmen, daß in der ersten Hälfte des Sommers das individuelle Leben, gleichzeitig mit dem Planetarleben gesteigert, zu heilsamen Bewegungen der Naturheilkraft und dadurch zu Befreiung von Krankheiten geneigter seyn werde, als der Winter, die Nachtseite des Jahres. —

Wie lange eine Brunnen- und Badecur dauern solle, ist nicht wohl vorauszubestimmen. Wo es auf Umänderung krankhafter Säfte, Auflösung verstopfter Organe u. dgl. abgesehen ist, wird sie länger dauern, als wo nur eine nachträgliche Stärkung z. B. bei Reconvalescenten gewünscht wird. In Fällen der ersten Art ist die Cur oft mehrere Jahre zu wiederholen, oft in einer Saison (vermöge einer Pause, die durch eine Reise ausgefüllt wird) in zwei Theile zu theilen.

Die sogenannte große Cur nimmt einen Zeitraum von 4 bis 6 Wochen, die kleine drei Wochen in Anspruch. Ueberdieß fallen gewöhnlich mehrere Tage der Pause ein, an welchen zu trinken und zu baden widerrathen werden muß, besonders beim weiblichen Geschlechte.

An manchen Curorten werden Sonntags die Bäder eingestellt, um dem dienenden Personal einige Ruhe zu gönnen, so wie zur Reinigung und etwaigen Reparatur der Apparate.

Die Ankunft am Badeorte.

Nach einer längeren oder kürzeren Reise sieht der Curgast endlich den ersehnten Ort vor sich, wo seine Leiden enden, seine Klagen verstummen sollen. — Die romantische Lage der meisten Badeorte, freundliche Logirhäuser, großartige Alleen, wohlangelegte Lustgärten pflegen, besonders bei heitrem Sommerwetter, den Ankommenden den Eindruck eines freundlichen Willkommens zu geben. Bei den Seebädern kommt noch der Eindruck des unermeßlichen Oceans hinzu, der freilich auch nicht selten, bei öden Dünen, alle jene freundlichen Naturschönheiten ersetzen muß.

Die erste Sorge ist nun die des Unterkommens, welche in wohlgeordneten Badeanstalten leicht und zur Zufriedenheit des Gastes beseitigt ist.

Die Wahl der Wohnung ist hier keineswegs blos Geschmackssache, wobei noch etwa die Cassa ein Votum hätte! — Abgesehen von den nothwendigen Forderungen, welche bedeutende Gebrechlichkeit oder Körperschwäche zu machen berechtigt sind, wobei sich z. B. von selbst versteht, daß Gelähmte rc. die Parterre=Wohnungen vorziehen, sollten aber auch minder Hülfsbedürftige bei der Wahl der Zimmer Umsicht und Vorsicht anwenden! Am räthlichsten ist es, sich einige Zeit vor der Reise schriftlich bei der Brunnenadministration eine Wohnung zu bestellen, eine Vorsicht, welche in sehr besuchten Badeorten oft großen Unbequemlichkeiten vorbeugt.

In der Regel ist, bei nicht gar zu heißen Sommern in unserm deutschen Clima, „wo wir leidlich wohnen," die Südseite vorzuziehen; mindestens sind die Wohnungen, welche, rein nördlich gelegen, sich keines Sonnenstrahles erfreuen, bedenklich bei zarten Constitutionen. Allmählig fängt man auch bei uns an, den Werth des Sonnenlichts und der Sonnenwärme mehr zu schätzen, indeß schon die Alten wahre Sonnenbäder (Apricatio, Insolatio) besaßen, und zu den Heilmitteln zählten. Mancher stört seine Cur wesentlich durch den Aufenthalt in einem kalten Zimmer, besonders bei der Rückkehr aus warmem Bade oder von einem, bis zur Transspiration fortgesetzten, Spaziergange. Dieses allmählige Durchkälten im kühlen, oft dumpfen Zimmer wirkt häufig tiefer und schädlicher ein, als eine rasch gewonnene Erkältung, wogegen dann auch der Körper rascher und kräftiger reagirt; — jenes beschleicht, so zu sagen, die Haut mit lähmender Gewalt, und der Feind — die „zurückgehaltene Thierschlacke," wie Ritter sagt — hat schon im Tiefsten sich eingenistet, ehe man ihn gewahrt.

Was anderweitige Bequemlichkeiten der zu wählenden Wohnung betrifft, als: möglichste Nähe der Bäder und Trinkquellen, eine zusagende Nachbarschaft u. dgl.: so können wir solche Punkte, als außer dem eigentlichen Gebiete der Diätetik gelegen, hier unberücksichtigt lassen.

Behaglich eingerichtet und übersichtlich in der neuen Umgebung orientirt, fühlt sich der Ankömmling wohl zunächst gedrungen, sich dem Brunnenarzte anzuvertrauen.

Verhältniß zum Brunnenarzte.

Von der Unentbehrlichkeit des Brunnenarztes zu reden, wird dem Verfasser dieser Schrift um so schwieriger, als eine solche Rede gar leicht an jene Ciceronische „Pro domo sua“ erinnern möchte —; dennoch würde es eine falsche Delicatesse seyn, sich davon dispensiren zu wollen.

Wenn irgendwo, so gilt am Bade der Spruch des Celsus: „erwünscht ist es, den Arzt zum Freunde zu haben.“ *) — Der Brunnenarzt steht zu seinen Kranken in einem anderen, vielseitigeren Verhältnisse, als der Hausarzt. Vertraut mit der Localität, welche den meisten Ankömmlingen neu ist, mit dem Personal und den Einrichtungen der Heilanstalt, deren diese fortan bedürfen, bekannt mit der vorhandenen Gesellschaft, in welche der neue Curgast einzutreten im Begriff steht, endlich aber als Arzt Derjenige, welcher durch Erfahrung und specielle Richtung seiner Studien mit den Heilquellen, worauf der Kranke eben angewiesen ist, auf's genaueste vertraut seyn muß, ist der Brunnenarzt dem Curgaste Führer, Rathgeber, Helfer in leiblichen und Gemüths-Angelegenheiten, Vertrauter der Leiden eines

*) Optimum est, amicum habere medicum.

Jeden, und geselliger Theilnehmer an den Tagesbegebnissen Aller, heilender Meister und dienender Bruder zugleich. — Momentan soll er sich mit den verschiedenartigsten Characteren und Ständen jedes Alters und Geschlechts in Einklang setzen; mit einem glücklichen Blicke soll er das Bild jahrelangen Leidens jedes Einzelnen auffassen und es im treuen Gedächtnisse und theilnehmenden Herzen bewahren, jeden Augenblick soll es ihm gegenwärtig seyn, damit er jeder Anfrage Genüge leisten möge, vom frühen Morgen bis zum Abend, vom Beginnen der Cur eines Jeden, bis zur Abreise. — An den Brunnenarzt wendet sich in der Regel Jeder bei vorfallenden Differenzen aller Art, bei etwaigen Nachlässigkeiten des subordinirten Personales der Badeanstalt, bei etwaigen Mängeln der Apparate; die Anklagen über Koch und Kellermeister ergehen zunächst an den Brunnenarzt, nicht minder die Verantwortungen dieser Angeklagten, welche meist in — Gegenklagen bestehen — — ja nicht selten werden mißmüthige Seufzer über ungünstige Witterung an ihn gerichtet, als ob es in seiner Macht stände, dem Wasser und den Winden mit seinem Aesculapsstabe zu gebieten, wie Neptun mit seinem Dreizack! Ueberdieß wird er von einer Menge von Armen bedrängt, welche Theil haben wollen an den milden Stiftungen der Badeanstalt; von einer Menge schriftlicher Anfragen und Aufträge, die beantwortet und ausgerichtet seyn müssen — und zum Schluß fordert die Regierung Nachrichten und Berichte über den Stand der Anstalt bis in die genauesten Details, Rechnungsablagen, Verbesserungsvorschläge u. s. w. u. s. w.

Auf solche Weise während einigen Monaten der Saison am Badeorte auf's Aeußerste in Anspruch genommen, muß der Brunnenarzt, wenn er, wie in vielen Fällen, nicht im Winter dort wohnt, auf eine anderweitige ausgedehnte Praxis in seinem Wohnorte verzichten. Auch sind dem so lange Abwesenden öffentliche ärztliche Aemter unzulänglich.

Im Vorstehenden habe ich deßhalb eine Skizze von dem Seyn des Brunnenarztes zu entwerfen mir erlaubt, um dadurch die freundliche Nachsicht der Curgäste für ihn in Anregung zu bringen; wofern er, wie in die Augen springt, nicht Allen und jederzeit genügen möchte. Die Erfahrung hat mich belehrt, wie auch mit allem Eifer und der willigsten Aufopferung, dennoch Niemand mehr, als der Brunnenarzt, jener gütigen Nachsicht bedürftig ist.

Dagegen wird jeder billig denkende Curgast seinerseits gern dahin wirken, Jenen in den Stand zu setzen, seines Amtes in möglichster Präcision und Ausdehnung zu warten. Hierzu gehört zunächst eine, vom Hausarzte verfaßte, gedrängte Krankheitsgeschichte zur Instruction des Brunnenarztes. Es ist nämlich höchst nöthig, daß dieser von vorn heren, beim ersten Besuche, ein richtiges, scharf gezeichnetes Krankheitsbild empfange, indem hier sofort ein durchgreifender Curplan entworfen und in's Werk gesetzt werden soll. Hier vorzugsweise heißt es: „die Gelegenheit ist flüchtig, das Urtheil schwierig, das Experiment gefährlich." — Kommt dennoch der Kranke ohne schriftliche Mittheilung zum Curort: so wird er nicht säumen, vor dem Beginne der Cur sich an den Brunnenarzt zu wenden. Zum Glück sind die Fälle selten, daß an bedeutend eingreifenden Heilquellen Kranke auf Gerathewohl und nach oberflächlicher Anweisung des Hausarztes die Cur beginnen. Auf halb verfehltem Wege sodann wieder einlenken zu müssen, was die gewöhnliche Folge ist, wird begreiflich für den Lenker, wie für den Verirrten, gleich mißlich.

Jedes Individuum bedarf einer eigentlichen modificirten Cur; am Brunnen nicht weniger, als zu Hause. Diese anzugeben und zu leiten, ist der Brunnenarzt angestellt. Ihm liegt es ob, zu bestimmen: ob der Ankömmling die Cur sofort beginnen dürfe? ob nicht vielleicht die Beschwerden der Reise denselben einiger Ruhe bedürftig machen? ob vorläufige Herstellung gewisser Functionen, welche auf der Reise leicht gehemmt werden, nöthig? ob beim Beginnen der Cur diese in ihrem ganzen Umfange anzuwenden? ob etwa mit dem Trinken der Anfang gemacht werden müsse, und aus welcher Quelle? ob mit oder ohne Zusatz und Nebenarznei; oder ob mit dem Bade — vielleicht einem modificirten — der Anfang zu machen sey? u. s. f.

Es liegt nun diesen Blättern keineswegs die Absicht zum Grunde, alle diese Fragen zu beantworten;

sie sollen und können nur allgemeine Andeutungen geben, zur Belehrung des Curgastes, so wie zur Erleichterung des Brunnenarztes, dessen Zeit und Kräfte nicht hinreichen, alles Nöthige und Nützliche jedem Kranken beim ersten Besuche mündlich einzuprägen.

Gefällt es dem Curgaste, in Mußestunden diesen Regeln und Winken seine Aufmerksamkeit zu schenken: so wird er dadurch manchem Diätfehler vorbeugen, manchem Irrwege ausweichen und den Rath des Arztes nur in Bezug der specielleren, sein Uebel betreffenden Punkte in Anspruch zu nehmen nöthig finden, was von diesem um so dankbarer anerkannt werden wird, je beschränkter in der Höhe der Saison seine Zeit ist. Nur auf diese Weise wird es dem Brunenarzte möglich seyn, kurz und bestimmt den Fragen der Mehrzahl an der Quelle Genüge zu leisten, wo er jeden Morgen während der Trinkstunden zugegen und Jedem zugänglich ist, indem er häufigere Besuche in den Wohnungen nur den schwerer Erkrankten abzustatten im Stande ist.

Es giebt jedoch Materien, welche im Gedränge

an der Quelle zu besprechen, zu weitläufig oder mißlich wäre — mancher Kranke hat auch das Bedürfniß wiederholter tröstlicher Zusprache des Arztes, und enträth ihrer aus übergroßer Schonung desselben. Hier sey mir im Namen aller Brunnenärzte die dringende Bitte erlaubt: jeder Curgast möge doch so oft und zu jeder Stunde, wo er dessen bedarf, den Brunnenarzt besuchen, oder dessen Besuch verlangen! denn um wie viel angenehmer und ersprießlicher ist es nicht diesem, einem klar ausgesprochenen Wunsche mit Heiterkeit Folge zu leisten, als Vorwürfe über Mangel an Aufmerksamkeit und dadurch ein Mißbehagen zu veranlassen, welches wieder gut zu machen, es oft zu spät ist, wenn er davon — etwa durch einen Dritten — Kunde bekommt!

So vertire ich denn zum Schluß dieses Capitels den obigen Ausspruch des Celsus dahin: Höchst erwünscht ist es dem Arzte, Badefreunde um sich zu haben!

Vom inneren und äußeren Gebrauche der Heilquellen im Allgemeinen.

In unsrer Zeit werden die meisten Mineralquellen zum Trinken und Baden zugleich angewandt, unterdeß ehemals manche derselben ausschließlich dem inneren Gebrauche anheim fielen, z. B. die Eisenquellen, Säuerlinge; andere dagegen nur zum Baden benutzt wurden, z. B. die Thermen, Schwefelquellen ꝛc. In Bezug auf die Seebäder sagt hierüber der erfahrne Vogel: zugleich Brunnen trinken und kalte Seebäder nehmen, wäre etwas Widersinniges; wogegen von Halem namentlich den Driburger Brunnen in geeigneten Fällen beim Seebade empfiehlt.

Im Allgemeinen scheint mir hierüber Folgendes anzudeuten, nicht überflüssig. —

Haut- und Darmkanal stehen mit einander in lebhafter wechselseitiger Theilnahme; sie verhalten sich zu einander (polar) wie Aeußeres und Inneres, etwa wie an der Pflanze Laub und Wurzel. Obschon beiden im normalen Leben verschiedene vegetative Functionen angewiesen sind, so daß die Haut mit der leichteren Luft, der Darmcanal mit dem consistenteren Flüssigen Verbindungen zur Erhaltung des Lebens eingeht: so können doch Haut- und Darmcanal bis auf einen gewissen Grad sich gegenseitig unterstützen, die Haut kann Wasser einsaugen, der Darmkanal Luft.

Als sensible Organe stehen beide unter der Herrschaft desselben Nervensystems, des Gangliensystems, welches im Darmcanale und den inneren Vegetations-Organen so zu sagen wurzelt, und seine Zweige in der ganzen Hautperipherie ausbreitet. Daher auch von der Haut sowohl, als vom Magen aus auf alle organische Functionen bedeutend einzuwirken ist. — Wenn also einerseits in der gewöhnlichen ärztlichen Praxis die Einwirkungsfläche der Medicamente fast allein der Darmcanal ist, und nicht zu leugnen ist, wie viel durch den inneren Gebrauch der Arzneimittel sich bewirken läßt, so sagt doch Diel mit vollem Rechte: kein Mittel nimmt so unmittelbar alle erregbare Organe in Anspruch, wie das Bad.

Bei einer Trink- und Badecur am gasreichen Mineralwasser nimmt der Magen beim Trinker sowohl das Gas, als das Wasser auf; ebenso saugt beim warmen Bade die Haut beides gleichzeitig ein. Beim kalten Bade (Sturzbad, Flußbad, Seebad rc.) wird dagegen die einsaugende Kraft der Haut unterdrückt; die Peripherie des ganzen Körpers wird durch den plötzlichen Eindruck der Kälte zusammen gezogen (Gänsehaut), die Blutmasse wird in die inneren Theile gedrängt, und erst nach dem Bade tritt, mit dem Freiwerden der überfüllten inneren Organe, mit dem Rücktritt des Bluts in die Haut jenes behagliche, stärkende Gefühl ein, was vornämlich die Lust des Seebades ausmacht. Es ist dieses das Gewahrwerden selbsteigener, lebenskräftiger Reaction — man möchte es ein männliches Behagen nennen, entgegengesetzt der wohlthätig calmirenden Empfindung, welche das warme Bad einflößt, von Marcard „Schmeichel" benannt.

Wo die Cur auf eine Umänderung der Säfte zunächst abgesehn ist, wo es darauf ankommt, daß der Körper ein Mineralwasser in möglichster Menge sich aneigne, um dadurch wohlthätige Crisen zu bewirken, da wird es dienlich seyn, das Baden mit dem Trinken desselben Wassers zu vereinigen. Auch fand Vogel, daß Mineralwasser durch Beihülfe lauwarmer Bäder sich leichter verdauten und tiefer einwirkten, selbst wenn die Bäder aus gewöhnlichem Wasser mit Malz genommen wurden.

Kalte Trinkquellen und warme Bäder werden passend vereint; selten aber umgekehrt. — Warme Bäder zu nehmen und warme Quellen zu trinken, bringt große, leicht zu große Erregung hervor; wie man denn wohl deßhalb bei den intensivsten Thermen, wo vor Zeiten nur gebadet wurde, z. B. Carlsbad, meist blos mit dem Trinken sich begnügt. Uebrigens ist in jedem Falle zu individualisiren: bei diesem Kranken reicht das Trinken allein aus, bei jenem das Baden; dieser muß erst eine Zeitlang trinken, ehe er zum Baden übergeht, und das Bad ist nur Beihülfe; jenem dagegen ist das Baden die Hauptcur und das Trinken Nebensache

— — alles dieses richtet sich nach der Beschaffenheit der Krankheit, nach der Constitution, nach zufällig eintretenden Umständen, nach der Eigenschaft der verordneten Heilquellen, und wird jedesmal der Verordnung des die Cur leitenden Arztes anheim fallen. Eine tief eingreifende Cur soll aber eine künstliche Krankheit, das s. g. Brunnenfieber, erregen, welches nur unter ärztlicher Leitung zu wohlthätigen Crisen führt, ohne dieselbe aber so sehr aufregen kann, daß bedeutende Fieber entstehen, edlere Organe in Gefahr kommen, oder auch alte Leiden zu mächtig wieder hervortreten.

Wir müssen uns hier mit der Warnung begnügen, Niemand möge auf Gerathewohl eine Trink- und Badecur beginnen, und etwa denken: viel hilft viel. Ein Tag kann bei unrichtig begonnener Cur so schädlich werden, daß es Wochen der theuren Curzeit bedarf, den Fehler auszugleichen. Es ist deßhalb in mehreren Badeorten (wie in Driburg) die medicinisch-polizeiliche Einrichtung festgesetzt, daß Niemand ohne einen vom Badearzt ertheilten Erlaubnißschein, welcher dem Bademeister einzuhändigen ist, zu einer ordentlichen Badecur gelassen werde.

„Nie verleite der Rath des unberufenen Klüglings
„Dich, in den köstlichen Gaben der gütigen Nymphen zu schwelgen!“

Neubeck.

Aeußerlicher Gebrauch der Mineralwasser.

Die Badecur.

„Ob das lauliche Bad dir zum Heile sey, oder das kalte,
„Forsche vom Arzte, und sey dem Wohlzuredenden folgsam!“

Neubeck.

Nicht nur bei den alten Völkern des Orients, deßgleichen bei den alten Griechen und Römern, gehörten die Bäder zu den heiligen Gebräuchen, zu den Mitteln der Gesundheitspflege, zum erfreulichsten, täglich wiederkehrenden Lebensgenusse; auch unsre germanischen Vorfahren bedienten sich häufig derselben, und zwar vorzugsweise der warmen.

Die warmen Bäder waren dem Herkules, dem Gott der Stärke, geweiht, und schon in den „Wolken“ des Aristophanes wird dieses als Argument geltend gemacht gegen den Vorwurf, daß die warmen Bäder den Menschen träge und weichlich machten — ein Vorurtheil, das noch in neueren Zeiten so oft wider sie in Anregung gebracht ist. Besonders von England aus verbreitete sich im vorigen Jahrhunderte die einseitige Ansicht, als ob Heil und Stärke nur im kalten Bade zu finden sey. Eben jener Herkules, wandte man mythologisirend ein, verdankte seine Stärke dem Eintauchen in die kalten Wogen des Styx, und man fing an, die neugebornen Kinder mit kalten Sturzbädern zu „stärken" — als ob allen Kindlein die Lebenskraft des jungen Halbgottes inwohne, die erforderlich ist, solche stygische Taufe zu ertragen! — So wanderten denn auch manche Neugeborne, als Opfer des lethalen Flusses, zum jenseitigen Ufer hinüber. Einer geläuterten Naturanschauung und der täglichen Erfahrung gelang es endlich, der belebenden Wärme, unter der ja alle Vegetation gedeiht, auch in den Bädern wieder Zutritt zu verschaffen. Und diese naturgemäße Ansicht wird auf die Dauer die Oberhand behalten, wenn gleich in den letzten Decennien die kalten Seebäder in Deutschland so häufig geworden sind, daß die Ufer der Nord- und Ostsee in der That damit überladen sind. — Wer wollte den großen Nutzen der Seebäder bestreiten! nur in das Euripidei'sche „das Meer schwemmt alles Böse vom Menschen hinweg" können wir nimmer einstimmen. Das Meer wird auch in dieser Hinsicht nach der Fluth (der Mode) eine Ebbe erleiden.

Durch Carl den Großen kamen die Thermen Deutschlands (besonders Aachen), welche bereits von den Römern benutzt waren, wieder in Ruf. In den spätern Zeiten des Mittelalters brachten dann auch die aus dem Orient heimkehrenden Kreuzfahrer die warmen Bäder in erneuten Aufschwung; es entstanden die Badestuben, und eine eigene Gilde, die Bader, in den Städten Deutschlands. Als Heilbäder waren nur die (natürlich warmen) Thermen in Gebrauch; man nannte sie Wildbäder. Die kalten Heilquellen hießen Säuerlinge, und wurden nur zum Trinken gebraucht; wogegen auch sie jetzt, erwärmt, zum Baden häufigst benutzt werden.

Der Temperatur nach theilt man die Bäder in kalte, kühle, lauwarme, warme und heiße.

Ein Bad von der Temperatur des menschlichen Blutes (gegen 29° R.) ist ein warmes; darüber hinaus liegt die Region der heißen Bäder. Lauwarme Bäder finden sich an der Skala des Réaumur'schen Thermometers von 28 bis 25°; kühle von da bis zu 20°. Darunter beginnt die Region der kalten Bäder.

Anliegende Thermometerskala, welche die Fahrenheit'schen und Réaumur'schen Grade vergleichend darstellt, wird dieses anschaulich machen.

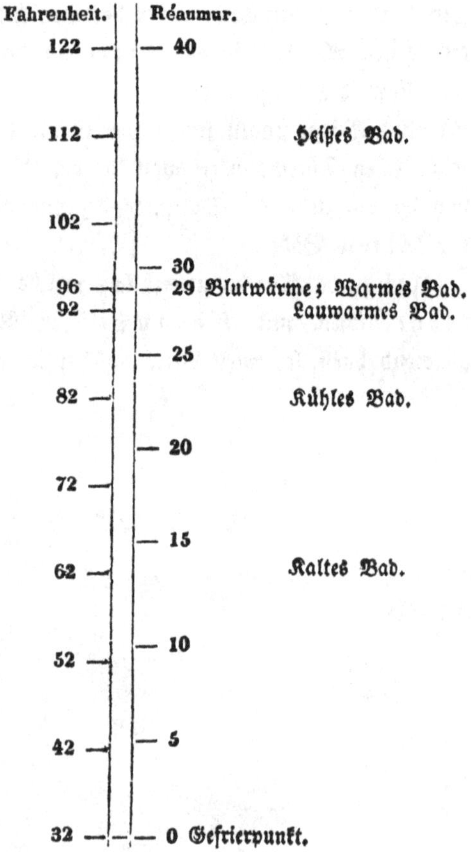
Fahrenheit.
Réaumur.
122
40
112
Heißes Bad.
102
30
96
29
Blutwärme; Warmes Bad.
92
Lauwarmes Bad.
25
82
Kühles Bad.
20
72
15
62
Kaltes Bad.
10
52
5
42
32
0
Gefrierpunkt.

Thermalbäder.

An vielen natürlich-warmen Quellen (Thermen) findet man die Einrichtung gemeinschaftlicher Bäder in großen Bassins, in welchen sich die Badegäste, mit Bademänteln bekleidet, wie in Conversationszimmern versammeln. Man verweilt so gewöhnlich Stunden, halbe Tage, ja Tage lang im Wasser. Tissot erzählt, zu Leuk, im Walliserlande, bringen die Kranken den größten Theil ihrer (monatelangen) Curzeit im Wasser zu.

Wem jedoch diese Art von Conversatorien anstößig vorkommt, der findet auch isolirte Wannenbäder, welche nach Anweisung des Badearztes von den Bademeistern pünktlich zu bereiten sind. Es mag freilich Schwierigkeiten haben, sich stundenlang einsam, seinem Bilde im Wasserspiegel gegenüber, zu unterhalten, ohne einzuschlafen, wenn man nicht die Selbstgenügsamkeit eines Narcissus besitzt. Das Einschlafen im warmen Bade ist jedoch in mehr als einer Hinsicht gefährlich; diesem vorzubeugen, ist es rathsam, sich darin zu bewegen, zu reiben u. dgl. Schwächere werden ohnedieß nicht ohne Bedienung in's Bad gehen. — Das Lesen im Baden hat, außer seiner Unbequemlichkeit, entschiedenen Nachtheil; es bewirkt Congestionen zum Kopf, schwächt die Augen u. s. f. Ueberall gilt die Regel: so lange die Thätigkeit eines Organs in Anspruch genommen wird, müssen alle übrigen ruhen! Wo also, wie im Bade, die Haut in volle Thätigkeit gesetzt wird, muß das Gehirn ruhen. Ebenso der Magen. Mit vollem Magen in's Bad gehen, ist eine Diätsünde, die selten ungestraft bleibt. Im Anfange meiner Praxis in Driburg kamen mir öfters Klagen über Magensäure während und nach dem Bade vor. Es ergab sich, daß die Badenden zu stark gefrühstückt hatten, oder zu bald nach dem Frühstücke badeten; durch die im Bade vermehrte Hautthätigkeit wurde das Verdauungsgeschäft gehemmt; so entstand die Säure, welcher nun, nach eingesehener Ursache, leicht vorgebeugt wurde.

Warme Bäder, bald nach dem Aufstehen des Morgens genommen, wirken am tiefsten ein; die Einsaugungskraft der Haut ist um diese

Zeit am größten. (Versuche haben bewiesen, daß in einem warmen Bade während einer Stunde gegen vier Pfund Wasser durch die Haut eingesogen wurden.) Täglich so gebraucht, greifen aber die Bäder zu sehr an, als daß vielen Curgästen diese frühe Badezeit angerathen werden dürfte, zumal wenn sie daneben den warmen Brunnen trinken.

Die passendsten Badestunden sind zwei bis drei Stunden nach dem Frühstück, und wenigstens eine Stunde vor dem Mittagessen.

Sehr geschwächte Kranke vertragen zuweilen Morgens überhaupt keine Bäder; wogegen sie ihnen Abends trefflich bekommen. In diesem Falle muß jedoch die Verdauung vollkommen abgewartet werden.

Die Bestimmung der Tageszeit, Dauer, Temperatur, und Gattung der Bäder ist übrigens Sache des Badearztes, und hier hängt von geringfügig scheinenden Umständen oft Vieles ab.

Wenn oben von mehrstündiger Dauer des täglichen Bades die Rede war: so gilt doch im Allgemeinen die Regel, daß der Aufenthalt in einem lauen oder warmen Bade die Dauer einer Stunde nicht überschreite, ja selten erreiche.

Vor dem Bade dürfen keine erhitzenden Promenaden vorgenommen werden, um so weniger, je kühler das zu nehmende Bad ist; allein auch in ein warmes oder gar heißes Bad erhitzt einzutreten ist höchst gefährlich.

Es ist jedenfalls rathsam, vor dem Einsteigen Brust, Gesicht und Schultern zu benetzen, wodurch man gewöhnlich jener Beengung des Athmens vorbeugt, welche bei den ersten Bädern die, an der Brust oder einer eigenthümlichen Empfindlichkeit der Herzgrube Leidenden leicht befällt. Diese müssen auch manchmal mit Halbbädern, worin das Wasser nur bis an die Brust reicht, den Anfang machen; dabei sich aber besonders vor Erkältung hüten.

Im Bade werden Kranke, welche an Stockungen im Unterleibe leiden, wohlthun, diesen zu reiben, zu kneten oder einen künstlichen Wellenschlag gegen denselben zu bewirken, indem sie mit der hohlen Hand das Wasser rhythmisch gegen den Leib antreiben — ein Handgriff, der schon durch die unmittelbar wohlthätige Empfindung seinen Nutzen verkündet. — Geschwächte, gelähmte Glieder im Bade zu reiben, lehrt schon der Instinkt. Die Kunst hat Bürsten und andere Vorrichtungen erfunden, diese Reibungen zu befördern und zu erleichtern, wozu auch oft mit Nutzen fremde Hülfe in Anspruch genommen wird; denn durch zu große Anstrengungen entstehen leicht Congestionen nach Kopf und Brust im warmen Bade.

Dem Blutandrange zum Haupte begegnet man durch Waschen des Kopfs mit kühlerem Wasser, durch kühle Umschläge, oder eine Blase mit kaltem Wasser; wofern nicht gewisse Krankheitsumstände dieses widerrathen.

Werden im kühleren Bade die Nägel blau, tritt Schauder und Gänsehaut über den Körper, Uebelkeit, Ohrensausen, Ohrenklingen ein: so ist es die höchste Zeit, es zu verlassen — man hat dann schon zu lange gebadet. Beim Beginne dieser Erscheinungen lasse man, wenn nicht schon die vorgeschriebene Dauer des Bades vorüber ist, warmes Wasser hinzu. *)

*) Wer mit der Handhabung der Krahne, welche das

Tritt im warmen Bade Brustbeklemmung, Herzklopfen, Kopfschmerz mit Hitze und Ohrensausen ein: so war die Temperatur zu hoch — man hätte kaltes Wasser zulassen müssen! — oder es war die Dauer des Bades zu lange, oder das momentane Befinden zum Bade nicht geeignet, wobei Magenverderben, Gemüthsbewegung, Nervenverstimmung aller Art, beginnende Crisen u. dgl. zu berücksichtigen sind. Es entsteht dann gewöhnlich von selbst eine Art von Sättigung, eine Abneigung gegen das Bad, ein Wink der Natur, welchem Folge zu leisten ist, ganz so, wie man bei Tische dem Gefühle von Sättigung Gehör zu geben hat.

Als Zeichen, daß ein warmes oder lauwarmes Bad (heiße Bäder gehören überall zu den Ausnahmen) wohl bekommt, sind anzusehen: eine behagliche

Wasser dem Bade zuleiten, nicht vertraut ist, thut wohl, durch die Klingel, welche jedes Bad haben muß, sich die Aufwartung herbei zu rufen, damit es ihm nicht wie Göthe's Zauberlehrling ergehe, der den Wasserzufluß nicht wieder hemmen konnte. Von dergleichen Wassernoth wissen die Badewärter oft komische Auftritte zu erzählen.

Heiterkeit, ein Gefühl von allgemeiner Beruhigung; der Athem wird langsamer, tiefer; der Puls langsamer, voller, weicher; etwaige Schmerzen hören auf; die Bewegungen gehen gelenkiger von Statten. Diese wohlthätigen Erscheinungen dauern nach dem Bade fort.

Nach dem Bade finden in vielen Fällen mit großem Nutzen stärkende, reizende oder erweichende Einreibungen, trockne Frottirungen, die Anwendung der Fleischbürste und dergleichen Manipulationen Statt; eine medicinische Gymnastik, welche bei den Alten so sehr im Schwange war (Jatroliptik), und die, wie schon Tissot klagt, leider! bei uns fast ganz in Vergessenheit gerathen war, bis die Cholera sie wieder ins Leben rief.

Von der Gattung der Bäder und dem Augenmerk des Arztes bei deren Anwendung hängt es ab, nicht selten auch von äußeren Umständen, z. B. der Witterung, ob der Kranke nach dem Bade ruhen, etwa wie bei Schlammbädern den Schweiß abwarten, oder sich bewegen soll. Je kühler das Bad war, um desto mehr ist nach demselben Bewegung, besonders in der wohlthätigen Sonne angezeigt. Durch diese weicht man auch der Schläfrigkeit, welche sich bei Manchen nach dem Bade einstellt, am besten aus. Nur ganz Schwache dürfen sich ihr hingeben, denen der Schlaf unabweisbar sich aufdringt. Der Gesundere hingegen steigt mit Wohlgefühl aus der Wanne, wie Homer vom Odysseus singt:

„Als sie nun ihn gebadet und drauf mit Oele gesalbet,
„Dann mit prächtigem Mantel ihn wohl umhüllt und dem Leibrock,
„Stieg er hervor aus der Wann', an Gestalt den Unsterblichen ähnlich."

Was von der Einwirkung und Anwendungsart der Thermalbäder gesagt ist, gilt größtentheils auch von den

Bädern aus erwärmten kalten Mineralwassern,

wie Eisenwasser, Schwefelwasser, Salzwasser u. s. w.

„Die eisenhaltigen, an Luftsäure reichen Wasser liefern unstreitig die herrlichsten Bäder (sagt ein großer Kenner, Kreysig); lauwarm genommen, bringen sie das behaglichste Gefühl hervor und bewirken Stärkung ohne anzugreifen; sie sollten niemals beim inneren Gebrauch dieser Wasser versäumt werden."

Jedes Jahr bietet mir in Driburg Gelegenheit dar, die Wahrheit dieses Ausspruchs zu bestätigen. Dem Gefühle unmittelbarer Stärkung zufolge vergleichen die Kranken solche Bäder manchmal mit Kraftbrühen, und nicht selten werden durch deren alleinigen Gebrauch tiefgewurzelte Verstimmungen des Nervensystems und Entmischungen der Säfte gründlich geheilt. Eigenthümlich ist die Erscheinung, daß ein Bad aus Eisenwasser reich an Kohlensäure, welches seiner physicalischen Temperatur (etwa 25 — 26° R.), seiner ersten Einwirkung nach kühl empfunden wird, und oft einen Hautschauder hervorbringt, nach wenigen Minuten eine behagliche, prickelnde Wärme über den ganzen Körper verbreitet, die manchmal bis zum Gefühl der Hitze sich steigert. Ein solches Bad scheint je länger desto wärmer zu werden. Dieses ist die Wirkung des kohlensauren Gases, welches sich in unzähligen Perlen an die Haut festsetzt, und mit leisem Knistern sich überall aus dem Bade entbindet, besonders vernehmbar, wenn man mit der Hand über einen Theil des Körpers unterm Wasser hinstreicht. Je ruhiger man in einem solchen Bade verweilt, desto eher fühlt man sich darin erwärmt, wie leicht begreiflich wird, wenn man erwägt, daß durch vieles Bewegen die kohlensauren Luftbläschen immer wieder abgespült werden.

Es ist wahr, daß auch die atmosphärische Luft als schlechter Wärmeleiter in einer Temperatur von 26° wärmer gefühlt wird, als Wasser von gleicher Temperatur; doch reicht diese physicalische Erklärung hier nicht aus, die erwärmende Kraft des kohlensauren Gases in den Bädern darzuthun; denn auch ein bloßes Gasbad von kohlensaurem Gas bringt die Empfindung erhöhter, eigenthümlicher Wärme an den Körpertheilen, die es umgiebt, hervor.

Die intensive Kraft der kohlensauren Eisenwasser läßt denn auch nur eine kürzere Zeit des Bades zu, so daß über drei Viertelstunden ein solches nicht wohl vertragen wird, ein halbstündiges, ja viertelstündiges Bad dagegen bei reizbaren Naturen oft hinlänglich ist, so wohlthätige Einwirkungen hervor zu bringen, daß sie die kühnsten Erwartungen übertreffen.

Ueberaus belebend und stärkend wirkt, wo die Constitution es erlaubt, kurz vor dem Austritte aus solchem Bade, das Ueberschütten des Körpers mit kaltem Wasser, wonach sodann derselbe mit warmen Tüchern tüchtig getrocknet und gerieben wird.

Man hat darüber gestritten, ob die Wärme der Thermen eine andere, organische, belebendere, andauerndere, als die, künstlich auf gleichen Grad erwärmter Wasser sey, oder nicht. Auf beiden Seiten stehen ausgezeichnete Verfechter. — Genaue thermometrische Untersuchungen haben in neuerer Zeit entschieden, daß natürliches Thermalwasser die Wärme nicht inniger und fester gebunden enthalte, als künstlich erwärmtes. Dennoch bleibt meines Bedünkens unentschieden, ob nicht auf den lebenden Organismus z. B. eine Schwefeltherme tiefer einwirke, als eine bis zu dem Grade erwärmte kalte Schwefelquelle von gleichen chemischen Bestandtheilen. Für die Thermalwärme sprechen auch die großen Erfolge chemisch-indifferenter Wasser, wie die von Pfäfers, Gastein u. dgl.

Mineralschlammbäder.

Der Mineralschlamm bildet sich aus den Niederschlägen der Mineralwasser oder durch Mineralisirung der diese Quellen umgebenden Torf- und Erdschichten, welche vom Mineralwasser durchdrungen werden.

Aus dem Süden entlehnt (Abano, Acqui in Italien, St. Amand in Belgien), sind die Schlammbäder erst seit einigen Decennien in Deutschland in Gebrauch. Der Schwefelmineralschlamm spielt unter allen Mineralniederschlägen die Hauptrolle, obgleich auch Bäder aus Eisenmineralschlamm, Kohleumineralschlamm Kochsalzmineralschlamm, erdigem und gallertartigem Mineralschlamm in Gebrauch sind.

Es versteht sich, daß die Schlammbäder nur warm (27 — 30° R.) gebraucht werden, weßhalb wir ihrer hier bei den „warmen Bädern" Erwähnung thun. Dem Mineralschlamm kalter Quellen, wie Eilsen, Nenndorf, Meinberg, Driburg, Marienbad ꝛc. wird daher vermöge heißer Wasserdämpfe, welche ihn unter beständigem Umrühren durchdringen, die gehörige Temperatur und Consistenz mitgetheilt. Es ist hierbei merkwürdig, daß ein so täglich von neuem erwärmtes Schwefelschlammbad einen immer stärkeren Schwefelgeruch gewinnt, was auf einen fortgesetzten Gährungsproceß der Masse schließen läßt. Daher ist es rathsam, ein solches Bad (versteht sich, immer von derselben Person!) eine Reihe von Tagen ohne oder nur mit geringem Zusatz neuer Moorerde gebrauchen zu lassen.

Die Schlammbäder unterscheiden sich von den Wasserbädern: durch größere specifische Schwere: sie enthalten die festen Theile der Mineralwasser in größerer Quantität und oft verändert (dort Oxydul, hier Oxyd u. s. w.); ebenso die flüchtigen (der fortgesetzte Gährungsproceß trägt hiezu bei), welche an den Schlamm, so wie die Wärme, inniger gebunden sind. Ueberdieß wirken sie vermöge ihrer fettigen, seifenartigen Moorerde milder, auflösender, durchdringender, als die Wasserbäder, welche weit reizender und erhitzender wirken. Aus diesem Grunde erträgt nach Gebhard Mancher ein heißes Schlammbad sehr bequem, der aus einem warmen Schwefelwasserbade Congestionen, Herzklopfen, Mattigkeit und Verstimmung zurück bringt. Im Schlammbade wird die Frequenz des Pulses um 10—20 Schläge in der Minute vermindert, wobei die Haut, roth wie ein gesottener Krebs, in eine starke Transspiration geräth.

In Folge der Schlammbäder tritt am häufigsten der s. g. Badefriesel hervor, ein Hautausschlag, der auch nach warmen Wasserbädern manchmal erscheint. Dieser Erscheinung hat man jedoch eine größere Wichtigkeit, als sie verdient, beigelegt, und obgleich sie ein willkommenes Zeichen ist: so giebt doch deren Nichterscheinen keineswegs einen Grund, die Unwirksamkeit der Cur zu befürchten.

Es gehört eine Ueberwindung dazu, das erste Schlammbad zu nehmen. Doch so wie das Bedürfniß der Sättigung dem Hungernden die schwarze spartanische Suppe genießbar machte, so bestimmt das Bedürfniß der Heilung den Kranken, sich dem schwarzen Schlammbade anzuvertrauen. Und in der That belohnt sich dieses Vertrauen so bald, daß den Meisten die Schlammbäder zum Lieblingsgenuß werden. Die größere specifische Schwere des Badebreies übt freilich einen größeren Druck auf den Körper aus, der jedoch bald zur Gewohnheit wird.

Die intensive Wärme des Schlammbades, welche beim Eintritte empfunden wird, vermindert sich bald in der, dem Körper zunächst anliegenden Moorschicht; daher es nöthig ist, im Schlammbade sich zu bewegen, um den Körper immer mit neuen Moorlagen zu umspülen. — Manche fangen gleich im Bade zu schwitzen an und fühlen sich leicht und behaglich; Andere schwitzen erst nach dem Bade im erwärmten Bette, nicht selten erst im Verlaufe einer

Stunde ruhigen Liegens und mit Beihülfe einer Tasse warmen Getränkes.

Man hüte sich vor Erkältung beim Austritte aus dem Schlammbade in das warme Spülbad, worin man auch nur so lange zu verweilen hat, bis der Körper vom Schlamme gereinigt ist, was auffallend leicht abgemacht ist. Deßgleichen verweile Niemand zu lange auf dem Rückwege vom Bade bis zur Wohnung, wenn gleich eine Erkältung bei so wärmestrahlendem Körper eine seltene Erscheinung ist. Weit mehr Vorsicht ist in dieser Hinsicht im Laufe des Tages, an dem man im Schlamme gebadet hat, nöthig; denn die Haut bleibt empfindlich, gleichsam aufgelockert! Daher beschließt man nicht übel in manchen Fällen eine Schlammbadecur mit tonisirenden Bädern, in Driburg mit den trefflichen Stahlbädern.

Als örtliches Bad wendet man den Mineralschlamm in Kübeln bei leidenden Theilen (Armen, Füßen rc.), so wie als Cataplasmen aufgelegt an. Dieses kann Stunden lang und mehrmals täglich geschehen, indeß ein allgemeines Schlammbad nur einmal täglich, oft nur um den zweiten Tag, angewandt wird.

Je intensiver die Einwirkung derartiger Bäder, um desto mehr ist natürlich Vorsicht und ärztliche Aufsicht vonnöthen. Dennoch haben selbst vollblütige und corpulente Constitutionen sie nicht unbedingt zu meiden, wie es, oberflächlich betrachtet, den Anschein haben möchte. Es ist aber ein Unterschied zwischen den Schlammbädern derselben Gattung. Eine corpulente Dame, welche die Schwefelschlammbäder Nenndorf's wegen großer Erhitzung, Schwindel und Congestionen nach dem Kopfe hatte aussetzen müssen, gebrauchte die Schwefelschlammbäder Driburgs ohne Beschwerde und mit dem glücklichsten Erfolge.

Als Brunnenarzt zu Driburg hatte ich oft Gelegenheit, Vergleiche anzustellen, wie beim Gebrauche der Schlammbäder der A p p e t i t abnahm, unterdeß beim Gebrauche der Stahlbäder die Eßlust bedeutend gesteigert wurde; Manche behaupteten, nach dem Schlammbade den Tag über einen Moorgeschmack im Munde zu spüren. Wo dann die Constitution den inneren Gebrauch einiger Gläser des trefflichen Eisenbrunnens am frühen Morgen gestattete, da erhielt sich die Verdauungskraft, oder wurde wohl gar verstärkt.

Noch ist zu bemerken, daß Einige durch den Gebrauch der Schlammbäder Wechselfieber veranlaßt glauben, was mir jedoch nie zu beobachten Gelegenheit wurde.

Russische Dampfbäder.

Nur der Vollständigkeit wegen wird deren hier erwähnt, da sie nicht zu den Mineralbädern gehören, und sich nur an wenigen Mineralbadeanstalten vorfinden.

Die Douche.

Die Douche oder das Spritzbad ist ein Wasserstrahl, welcher durch mechanische Kraft, meistens vermöge einer Pumpenspritze schwächer oder stärker, längere oder kürzere Zeit, auf einzelne leidende Theile,

z. B. gelähmte Glieder, oder auf gewisse Regionen des Körpers, z. B. den Unterleib, die Wirbelsäule, geleitet wird. In der Regel wird diese Procedur mit dem Bade verbunden, so daß der Kranke zuerst etwa eine Viertelstunde badet, alsdann nach einem gegebenen Zeichen tritt der Bademeister oder die Badefrau herein, die Douche zu leiten, wobei der Körper mehr oder weniger entblößt wird. — Selten entstehen hierdurch Erkältungen, weil die Haut, wie beim Wellenschlage, in die thätigste Reaction versetzt wird, daher auch nach der Douche oft den ganzen Tag hindurch ein ungewöhnliches Gefühl von Kraft und Leichtigkeit im Körper wahrgenommen wird. Ist das Douchen beendet, welches nicht leicht über 5 bis 10 Minuten erforderlich und erträglich ist, so taucht der Badende noch einige Minuten in's Bad, oder wendet die etwa vorgeschriebenen arzneilichen Einreibungen, trockne Frottirungen ꝛc. an.

Die Douche ist der mächtigste Apparat, dessen die Balneotechnik sich erfreut; sie bringt häufig wundergleiche Erfolge hervor. — Zunächst regt sie (möge sie warm oder kalt gegeben werden) die Hautthätigkeit enorm an, wie die lebhafte Röthe und Wärme nach der Douche augenscheinlich darthut. Mit gesteigerter Kraft auf gelähmte Glieder gelenkt, läßt der Wasserstrahl, woher er geleitet wird, blaue Flecke zurück, und bearbeitet Muskeln, Nerven und Gefäße unvergleichlich. Auf den Unterleib gerichtet, belebt die Douche wie kein andres Mittel unmittelbar die stockende Thätigkeit der Organe desselben, so wie sie, auf die Rückensäule gelenkt, die Muskelkraft des ganzen Körpers und das somatische Selbstgefühl steigert.

Sehr gemildert wird, auf Verlangen des Badenden, die Kraft des Wasserstrahles, wenn die Douche unter dem Wasser genommen wird.

Ein so bedeutendes Mittel muß, wie leicht begreiflich, nur der Hand des Arztes anvertraut bleiben, daher vom Badearzte zur Douche ein Erlaubnißschein erforderlich ist.

Eine 10 Minuten lange Douche täglich 5 bis 6 mal zu wiederholen, wie v. Ammon anräth, wird kaum ein Mensch aushalten, falls nicht die Douchepumpe ein Kinderspielzeug ist. Es ereignete sich zu

Driburg, daß ein berühmter russischer Feldherr, welcher dem Bademeister befahl, ihm die Douche so stark wie möglich und aus der feinsten Röhre, welche am empfindlichsten wirkt, zu geben .... allein es bedurfte nur weniger Pumpenzüge und schreiend vor Schmerz entsprang der starke Mann dem Bade. Er meinte, man könne dadurch die Knute füglich ersetzen.

Eine Modification der Douche findet man in einigen Badeanstalten, die s. g. **Douche ascendante**, worüber uns auszusprechen, wir um so lieber umgehen, als sie mit den Knabenbädern u. dgl. zu den Mysterien — vielleicht manchmal zu den Mystificationen — der Balneotechnik gehört.

Die Lavements aus anfangs lauem, dann kaltem Mineralwasser sind bei Obstructionen der Unterleibsorgane, hartnäckigen Verstopfungen 2c. nie zu übersehen, und oft von überraschender Heilwirkung.

Als überaus wirksam müssen wir noch die Dampfdouche bezeichnen, einen Apparat, vermöge dessen die Dämpfe des kochenden Wassers, manchmal durch aromatische Kräuter strömend (aromatische

Dampfdouche) mittelst einer Röhre an leidende Theile geleitet werden. Diese Procedur nimmt man am besten Abends vor, weil man nachher das Ausgehen gern vermeidet. Denn außer der durchdringenden, erregenden Wirkung, welche der heiße Dampfstrom auf die ihm exponirten Theile ausübt, geräth danach der ganze Körper in Ausdünstung.

Aehnlich, wenn gleich minder intensiv, wirken die örtlichen Qualmbäder, wie man sie, z. B. in Wiesbaden, durch trichterartige Vorrichtungen an die leidenden Theile bringt.

Kalte Bäder.

Hieher gehören vorzugsweise die Seebäder und die Flußbäder. (Die Sturzbäder, Tauchbäder, Regenbäder u. s. w. sind nur Modificationen der Anwendung des kalten Wassers.)

Die Flußbäder fallen der Gymnastik der Gesunden, zu selten dem Curgebrauch der Kranken anheim, als daß sie hier weitläufig zu besprechen seyn möchten. Leider! ist die Gymnastik aus dem Leben verschwunden, und in unsern Gymnasien wird man (wenige rühmliche Ausnahmen abgerechnet) Alles eher betrieben finden, als die Gymnastik..... als ob unsre Knaben nur Köpfe wären und nur das Gehirn, aber nicht das Rückenmark der Entwickelung bedürfte! — „Neque natare, neque literas didicit“ hieß es im alten Rom von einem nichtsnutzigen Burschen; wann wird es bei uns so heißen...... dürfen? Die steifen Perücken und Haarbeutel unsrer Pädagogen sind mit dem vorigen Jahrhunderte verschwunden; allein der Zopf innerer Philisterei hängt so Vielen noch hinten!

Die Seebäder wurden durch Lichtenberg's Anregung, welcher sie in England hatte kennen lernen, an Dentschlands Küsten heimisch. Zu Doberan entstand 1794 das erste Deutsche Seebad, dem eine große Anzahl gefolgt ist.

Wenn nach Oken der Mensch dem Meere, zur Zeit der Kalkniederschläge, seinen Ursprung verdankt:

so ist er gleichsam mit einem Seebade zur Welt gekommen. Inzwischen hat sich dieses Bad bedeutend abgekühlt und die Rückkehr in diesen universellen **liquor foetalis** geht nicht ohne Frostschauer ab. Im kalten Seebade vermag der Badende kaum so viele Minuten zu verweilen, als Stunden in den indifferenten Thermalbädern. — Es ist nicht Jedermanns Sache, durch den Hellespont zu schwimmen, wozu einst den Griechen die Liebe, jüngst den Britten die Laune (whim) anspornte. — Wenn nun gleich die Seebäder vermöge ihrer Temperatur zu den kalten Bädern zu rechnen sind, so ist doch ein großer Unterschied der Einwirkung des Seewassers und eines Flußbades von gleicher Temperatur nicht zu verkennen, und ein eigenthümliches Leben ist dem ebbenden, fluthenden, leuchtenden Meere nicht abzusprechen. Wie man, ohne das Meer gesehen zu haben, keine Vorstellung von dessen Pracht und Majestät hat, so muß man in seinen Wellen gebadet haben, um die lebendige Freudigkeit zu kennen, welche das Seebad gewährt, und welche ich oben als ein „männliches Behagen“ bezeichnet habe, im Gegensatze zu jenem „Schmeichel," wie Marcard die Empfindung des warmen Bades benennen möchte.

Das Seebad erfordert durchaus einen gewissen Grad von Lebenskraft, um dagegen reagiren zu können; sonst drückt es nieder, statt zu heben. Schon Sanctorius sagte: kalte Bäder erwärmen starke Körper und durchkälten schwache. Weit früher hatte schon Galen denselben Ausspruch gethan, und er, so wie Hippokrates, Floyer, Home, Marcard u. A. sahen Convulsionen danach entstehen, wogegen Andere dieselben Convulsionen, ja die Hundswuth (Euripides) durch plötzliches Untertauchen in kaltes Wasser heilten.

Die Vorrichtungen zum Seebade sind einfach und im Wesentlichen noch jetzt so, wie sie Lichtenberg vor vierzig Jahren beschrieb. Man läßt sich in einer Badekutsche in's Meer schieben, springt entkleidet heraus (denn Badehemden sind hier noch weniger als in Wannenbädern rathsam) und überläßt sich dem Wellenschlage, oder vielmehr man stemmt sich demselben entgegen. Die beste Badezeit sind die früheren Morgenstunden —

Sturm und Wind dürfen nicht abschrecken, gegentheils erhöhen sie den Genuß des Bades, wobei Erkältungen höchst seltene Erscheinungen sind.

Die Dauer des Bades läßt sich nicht voraus bestimmen. Hat der Badende den ersten Schauer beim Eintauchen überwunden, so empfindet er eine lebhafte Wärme, nicht selten ein angenehmes Prickeln in der Haut, wodurch er sich von einem befreundeten ihn umgebenden Elemente versichert fühlt. Dieser chemisch-dynamische Prozeß nimmt aber allgemach ein Ende, und die Einwirkung der physicalischen Temperatur des Wassers tritt in ihre Rechte — dann, oder noch vor diesem Gewahrwerden der Kälte ist der Moment, die See zu verlassen, den Körper tüchtig mit trocknen Tüchern, Flanell ꝛc. zu reiben, und die Strandpromenade anzutreten.

So holt der Mensch neues Leben und ein muthiges Selbstvertrauen aus dem ursprünglichen Elemente und lernt das alte „valere aude!“ Aber nicht einem Jeden wird durch das Seebad diese Wohlthat zu Theil. Doch ist hier nicht der Ort, die Anzeige und Gegenanzeige zum Gebrauch des Seebades anzugeben; dieses bleibt dem Arzt überlassen, so wie dem Badearzt die Leitung der Cur.

Kalte Bäder von Mineralwasser

werden selten verordnet und dann nur als Tauch- oder Plongirbäder gebraucht. Die Dauer eines solchen Bades ist nur momentan und es wird nach ein- oder mehrmaligem Untertauchen wieder verlassen. Eine englische Dame, welche es forciren wollte, in einem Bade von der Temperatur der Driburger Quelle zehn Minuten zu verweilen, wurde scheintodt herausgetragen. — Da bei solchen Bädern von Einsaugung durch die Haut nicht die Rede seyn kann, die sich ja augenblicklich zur s. g. Gänsehaut zusammenzieht: so ist es ziemlich gleichgültig, von welchem Wasser sie bereitet werden.

Sturzbäder, kalte Uebergießungen.

Auf ähnliche Weise, wie die eben genannten, wirken die kalten Uebergießungen und Sturzbäder, wo bei jedoch mehr der mechanische Impuls in Anspruch zu bringen ist, welchen eine bedeutende Wassermasse, von oben herab auf den Körper gestürzt, hervorbringt.

Regenbäder — Tropfbäder.

Vermittelst einer siebartigen Vorrichtung strömt von einer gewissen Höhe kaltes Wasser, nach Art des Regens auf den, in einem warmen Halbbade sitzenden, oder in einem schrankförmigen Behälter freistehenden Kranken herab: das Regen- oder Schauerbad.

Im Tropfbade fällt von beträchtlicher Höhe etwa alle Secunden ein einzelner Tropfen auf einen bestimmten Fleck eines krankhaften Theiles.

Nach beiden Proceduren sind Frottirungen nicht zu versäumen.

Gasbäder.

Die verschiedenen Gasarten, welche manche Heilquellen so reichlich entströmen, werden auf mehrfache Weise dem Körper einverleibt und unterstützen als Gasbäder die anderweitige Cur.

Haut und Lungen sind die beiden vorzüglichsten Organe, welchen die Gasbäder zu Theil werden; doch können auch die Sinnesorgane, so wie gewisse innere Theile, denen der Luftzutritt für gewöhnlich versagt ist, vermöge künstlicher Vorrichtungen der Einwirkung des Gases theilhaftig werden.

Die Mineralquellen enthalten: kohlensaures Gas, Schwefelwasserstoffgas, Stickstoffgas, Sauerstoffgas. Als Gasbäder werden nur die beiden erstgenannten Gasarten in Betracht kommen. — 1) Das kohlensaure Gas, schwerer als die atmosphärische Luft, steht bei reichen Wassern, z. B. in Driburg, mehrere Fuß hoch über dem Spiegel der Quelle. Um das Gas für sich als Gasbad gebrauchen zu können, pflegt gerade über dem Austritt der Quellen ein durchlöcherter Bretterboden angebracht zu

seyn, auf welchen man sich in gewöhnlicher Beklei-
dung hinstellt oder setzt, jedoch mit der Vorsicht, daß das kohlensaure Gas nicht bis über die untere Hälfte des Körpers hinauf reiche, denn rein ist es irrespirabel, und mit der atmosphärischen Luft in Verbindung erschwert es den Athem, macht Congestionen, Schwindel u. dgl. Mehrere Unvorsichtige sind in den s. g. Dunsthöhlen im kohlensauren Gase erstickt. *) Unglücksfällen der Art, so wie dem Schwindel, Kopfschmerz u. s. w., welche so oft bei kohlensauren Gasbädern eintreten, vorzubeugen, ist es am zweckmäßigsten, solche Bäder in Kasten zu nehmen, die am Halse des Badenden hermetisch schließen, so daß das Gas nicht eingeathmet wird. Die innerhalb dem Kasten befindlichen, vom kohlensauren Gase umgebenen Theile empfinden bald eine eigenthümliche Wärme, die sich manchmal bis zum Schweiße steigert. Brandis bemerkte bei einer Dame durch das Driburger Gasbad Heilung

*) Uebergießungen von reinem kalten Wasser sind das beste und nächste Wiederbelebungsmittel bei Unglücklichen dieser Art.

von einer gichtischen Lähmung des Fußes, womit eine Kälte verbunden war, welche keinem Mittel weichen wollte. Wunden, krebsartige Geschwüre rc. heilen leichter und schmerzen weniger im kohlensauren Gasbade.

2) Das Schwefelwasserstoffgas, welches den Schwefelquellen entströmend, mit der athmosphärischen Luft sich verbindet, wird vorzugsweise in Lungenkrankheiten angewendet; man findet einzig zu diesem Zwecke oft Kranke an den Schwefelbädern, und in den meisten derselben sind jetzt zweckmäßige Vorrichtungen zum Gebrauche solcher Gascuren, vorzüglich nach dem Vorgange des verstorbenen Gebhard in Eilsen, eingerichtet. Nicht nur am Tage, sondern auch Nachts befinden sich die Lungenkranken in Zimmern, welche mit dem wohlthätigen Gasgemenge, gewöhnlich in Verbindung mit Wasserdämpfen, gefüllt sind. Ein solches, wochenlang fortzusetzendes Lungenbad darf jedoch keineswegs durch den plötzlichen Uebertritt in die reine, freie Luft unterbrochen werden; ganz allmählig müssen die Kran-

ken gegen das Ende der Cur an den Genuß der Atmosphäre gewöhnt werden.

Hier sind auch die Salzdunstbäder zu erwähnen, dergleichen übrigens bis jetzt erst bei den Soolbädern zu Ischl eingerichtet sind. —

In der Christenheit badet man jetzt in allen vier Elementen, sagt Lichtenberg; erstens im Wasser; zweitens im Feuer, soweit man es vertragen kann, dahin gehören die russischen Schweißtreibhäuser und die den Alten schon bekannte Insolation und Aprication, das Sonnen, wenn man diese nicht etwa lieber ein Lichtbad nennen will; drittens in der Luft; viertens in der Erde. —

Dieser elementarischen Vollständigkeit wegen erinnern wir uns hier noch an das, von dem Erfinder des „himmlischen Bettes," Dr. Graham im vorigen Jahrhunderte empfohlenen Erdbades, welches ganz einfach darin besteht, daß man sich bis an den Hals in die Erde graben läßt, so wie an das Franklin'sche Luftbad, wozu man fast nichts weiter nöthig hat, als im Freien sich eine Zeitlang völlig zu entkleiden; was bei den electrischen und magnetischen Bädern, wozu Jean Pauls Donnerwetterbad gerechnet werden kann, nicht einmal nöthig ist.

Es fehlt noch, daß uns die moderne Pietät eines lobseligen Jüngers die Bäder aus — Morgenroth alles Ernstes empföhle, welche der Meister einst mit den Worten andeutete:

Auf! bade, Schüler, unverdrossen
Die junge Brust im Morgenroth!

Innerlicher Gebrauch der Mineralwasser.

Die Trinkcur.

„Trinke gemach, und wandle dabei, und heitre den Geist auf
„Durch Sokratischen Scherz!"

Neubeck.

Ein alter Gebrauch hat dreierlei Weisen der Trinkcur aufgestellt: die große, die mittlere und die kleine Cur.

Die große Cur von 20—30 Bechern, wie man sie ehemals in Carlsbad, Pyrmont ꝛc. brauchen sah, ist wohl mit Recht außer Gebrauch gekommen. Eine solche gewaltsame Magenüberschwemmung ist so abschreckend als andrerseits eine Trinkcur in homöopathischer Dosis — etwa alle acht Tage einen Fingerhut voll — lächerlich wird.

Die mittlere Cur ist gegenwärtig die vorherrschende an den meisten Brunnen. Der Kranke trinkt nüchtern alle Viertelstunden einen Becher Brunnen bis zum Gefühle der Sättigung, wobei Einigen 3—4, Anderen 6—8 Becher (2—4 ℔) genügen.

Bei der kleinen Cur wird Morgens, auch wohl im Laufe des Tages, ein und das andere Glas Mineralwasser getrunken — den Meisten ein erquicklicher Genuß, ohne daß jedoch dadurch critische Bewegungen im Körper erregt werden, wie dieses der Zweck der beiden vorhergehenden Methoden ist. Die kleine Cur wird oft mit dem wohlthätigsten Erfolge Jahrelang fortgesetzt, und so zur gewohnten Diät.

Das erste Erforderniß bei einer Brunnencur ist, daß der Brunnen dem Magen, seinem ersten Aufenthaltsorte, zusage, wobei zugleich der Geschmack zu berücksichtigen ist.

Die zweite Anforderung an den Brunnen, nachdem er mit dem Magen vertraut geworden, ist, daß er, wie der technische Ausdruck sagt, nicht „stehen bleibe," sondern „passire," d. h. durch Stuhlgang und Urin unter allgemeiner Erleichterung mehr als gewöhnliche Auslecrungen erfolgen. — Wird diesen beiden Anforderungen an die Erstwirkung des Brunnens entsprochen: so beurkundet sich dadurch, daß er vertragen wird.

Im Laufe der Cur ergiebt sich dann drittens die tiefere Einwirkung auf den kranken Organismus, welche in vielen Fällen als „Brunnencrisis“ oder „Brunnenfieber“ sich offenbart. Von der Leitung dieser critischen Periode hängt sodann hauptsächlich

Viertens, die Nachwirkung der Brunnencur ab.

Die folgenden Blätter sind dazu bestimmt, den Curgast die obigen vier Hauptmomente einer Brunnencur der Reihe nach näher vor's Auge zu führen. Wir fassen die beiden ersten Punkte in eins zusamsammen, als:

Die Trinkstunden.

Die heitern Morgenstunden sind dem Brunnentrinken gewidmet. Schon vor 6 Uhr pflegen die eifrigsten Brunnentrinker sich an der Quelle zu begrüßen. Die Ruhe der Nacht hat Leib und Seele erquickt, und mit Begierde empfängt Gaumen und Magen den erfrischenden Trunk des Säuerlings oder die Labung der erwärmenden Therme. Sowohl die warmen als die kalten Mineralwasser werden nämlich zur Trinkcur verordnet.

Jetzt kommt es dem Curgaste zu gut, wenn er zu Hause bereits sich an früheres Aufstehen gewöhnt hat, woran wir in der Anweisung zur „Vorbereitungscur“ erinnert haben. Es giebt aber Nervenschwache, welche es durchaus nicht forciren dürfen, ohne sich den ganzen Tag zu verderben! „Diese, sagt Hufeland, schwächt der Schlaf, der Morgen ist für sie die Zeit der Ermüdung und Schwerfälligkeit; erst Mittags fangen sie an zu leben, und der Abend ist der Zeitpunkt ihrer vollen Kraft.“ Versuchen müssen sie aber dennoch diesen Rückschritt in die Bahn der Natur! Gelingt er irgendwo, so gelingt er am Brunnenorte — und ist er gelungen, wie belohnend ist er! Ihn sich zu erleichtern, beginne der Kranke damit, das erste Glas des Brunnens im Bette zu sich zu nehmen, etwa nachdem er vorher eine Tasse schwarzen Kaffee getrunken.

Wer aber auch Gewohnheit und Kraft besitzt, „die Brust im Morgenroth zu baden," verschmähe die Vorsicht nicht, sich in den kühlen Bergthälern der Heilquellen wärmer, als in seiner Heimath zu kleiden! Vorzugsweise dem weiblichen Theile der Curgäste gilt diese Warnung; denn nur zu oft wird eine schlankere Taille, ein leichtbekleideter Fuß am Morgen, ein ausgestellter Wechselbrief, der am Abend mit Zahnschmerz, und wohl theurer eingelöst werden muß. Diese Vorsicht ist bei warmen Mineralwassern nicht minder nothwendig, als bei kalten, wenn gleich durch die letzteren auch noch der Magen bei jedem Becher eine kältere, ihm dadurch mitgetheilte, Temperatur auszugleichen hat.

Die thermometrische Kälte dieser kohlensauren Mineralwasser (in der Regel 8—12° R.) wird am besten durch Zugießen kochendheißer Milch gemildert. Alle übrigen Erwärmungsmethoden zersetzen es mehr, und machen es widrig schmeckend. Allein jene physische Kälte ist selbst empfindlichen Mägen gewöhnlich unschädlich, ja unmerklich, wofern nur die Heilquelle reich an Kohlensäure ist; denn dieser

„Brunnengeist,“ wie die Alten sagten, ist eine wahre Würze des Mineralwassers, und mit Recht parallelisirt man die kalten Mineralwasser, ihrem Reichthum an Kohlensäure gemäß, den warmen Quellen hinsichtlich ihrer höheren Temperatur. Hier tritt nun beim Trinken dasselbe Verhalten der Kohlensäure im Magen ein, was bereits früher bei den kohlensauren Bädern als auf der Haut vor sich gehend dargestellt ist. Wie nämlich im kohlensauren Bade unzählige Luftbläschen aus dem Wasser sich an die Haut setzen und in dieser eine eigenthümliche Wärme erwecken, so daß das Bad von Minute zu Minute wärmer zu werden scheint: ebenso setzen beim Trinken solcher an Brunnengeist reichen Wasser diese Luftbläschen sich an die innere Wand des Magens, die dadurch eigenthümlich belebt und erwärmt, der physischen Kälte des Wassers nicht achtet.

Es bedarf wohl übrigens nicht des ärztlichen Rathes, sondern Jedem sagt es der eigene Sinn, langsam zu trinken, so bei den heißen, wie bei den kalten Heilquellen. Damit ist jedoch nicht immer gerathen, nur das Obere vom Glase zu schlürfen, wie man den Schaum vom Champagner zu nippen liebt, und wie es bei heißen Quellen die Nothwendigkeit erheischt. Sehr verschieden wirkt bei kalten gasreichen Quellen dasselbe Wasser in seiner schäumenden oberen Schicht und in seinem langsam perlenden Bodensatze, und nur der Brunnenarzt kann es bestimmen, in welchem Falle die eine, in welchem die andere Trinkweise ihre Anwendung findet. Dasselbe Wasser bewirkt (den s. g. Brunnenrausch) Schwindel, Congestionen, Kopfschmerz, Verstopfung rc. und andrerseits Heiterkeit, frisches Lebensgefühl, vermehrte Leibesöffnung rc., je nachdem es auf die eine oder die andere Weise geschlürft oder resolut getrunken wird.

Es ist oben bemerkt, daß auch der Geschmack des Mineralwassers beim Trinken in Anschlag zu bringen sey. Glücklicherweise findet hier selten ein unüberwindlicher Widerwille (Idiosyncrasie) Statt; selten geschieht es, daß gleich von erster Instanz aus gegen den Brunnen — appellirt wird, und selbst an übelschmeckende, z. B. Schwefelwasser, gewöhnt sich der Curgast zum Verwundern leicht. — Erwägt man zudem, daß es ein, aus den reinen Händen der Natur hervorgehendes Heilmittel ist, was man genießt, so wird man sich tröstend erinnern, schlimmere Arzneien gekostet zu haben, die aus den nicht immer so reinen Händen der Kunst hervorgegangen waren.

Im Allgemeinen gilt Neubeck's Regel: „trinke gemach!" d. h. alle Viertelstunden einen halben bis ganzen Becher, welcher gegen $\frac{1}{2}$ Pfund Wasser zu enthalten pflegt. Ein solcher Trunk wird etwa 4 bis 8 mal ieden Morgen wiederholt. — „Und wandle dabei!" setzt der Sänger der Gesundbrunnen hinzu. Bei gutem Wetter sollen freundliche Alleen, bei schlechtem eine geräumige Brunnenhalle den Wandelnden aufnehmen. — Man hüte sich jedoch, in's Rennen zu gerathen, wozu oft ein Hastiger eine gange Gesellschaft verführt, ehe man sich's versieht. Je lebhafter die Unterhaltung, desto schneller wird unvermerkt der Gang. Die Zunge ist der kleine behende Vorläufer, der die Füße bald mit in sein Tempo zieht. Nun stehen gewöhnlich bei demselben Individuo beide Organe in Harmonie, wie denn der wohlredende Hermes auch der leichtfüßige Gott war —; es entsteht aber ein Mißverhältniß, sobald eine behende Zunge einen ganzen Zug anführt, worin oft schwerwandelnde Füße mit Mühe ihre keuchende Herrschaft forttragen. Kommt dazu noch das öftere Begrüßen durch Abnehmen des Hutes, was an jedem Curorte verboten seyn sollte: so entstehen täglich Erkältungen, Unterbrechungen der Cur, nicht selten ernsthafte Krankheiten.

Am allerentferntesten von dem „Sokratischen Scherze" der mit Recht empfohlen wird, ist der Ernst, die Spannung der politischen Unterhaltung, die, wie die Sachen stehen, immer mehr sich in's Leben drängt. Aber nirgends sind politische Discussionen weniger an ihrem Orte, als beim Brunnentrinken, und ein diplomatisches Bad ist fast eine Contradictio in adjecto, wobei es entweder mit dem Baden, oder mit den diplomatischen Verhandlungen nicht rechter Ernst seyn kann. — Als die Nachrichten von der Julirevolution bei hoher Saison in die gefüllten Alleen hereinbrachen, und sich ein Kreis von Zuhörern um jeden Zeitungsvorleser bildete, zur Hälfte erfreut, zur Hälfte erschreckt; da hatte bei vielen der Curgäste die Heilwirkung des Brunnens ein Ende. Hier nun ist es, wo die Frauen vermittelnd, vorbeugend und besänftigend sich die schönsten Verdienste um die heitere und ungetrübte Geselligkeit erwerben mögen!

Eben so nachtheilig, als die politische Gallenaufregung bei Männern, ist am Brunnen die Mittheilung gegenseitiger Klagen und Nachtgedanken über Krankheitszustände bei Damen, woraus denn nicht selten ein gegenseitiges Anrathen von Mitteln und Curmethoden hervorgeht; — nirgends ist die Methode des gegenseitigen Unterrichts mißlicher, als unter Kranken, wo oft wirklich der Blinde den Lahmen leiten will.

Nachdem man die Zahl der Becher geleert, verbringt man noch ein Stündchen vor dem Frühstück im Freien, sey es um einen nahe gelegenen Hügel zu besteigen, oder einen Gang durch die wogenden Kornfelder mit einem Befreundeten zu machen, oder bei steigender Sonne den Schatten des Waldes zu suchen, oder wie es sonst Gelegenheit und Laune gebieten. — Die Schwächeren, bereits durch die Trinkpromenade ermüdet, mögen zu Pferde, zu Wagen, zu Esel *) den Rest der Trinkstunden verbringen.

Ehemals tranken Viele so lange Brunnen, bis Leibesöffnung darnach erfolgte. Diese, durch die Menge des Wassers oder durch Zusätze von Salzen und anderen Arzneien zu erzwingen, ist selten rathsam. Magendrücken, Blähungen, Uebelkeit, Schwin-

*) Die Eselritte sind die passendsten Brunnenpromenaden für schwache Fußgänger. Der bequeme, ruhige Gang dieser gleichmüthigen Geschöpfe versetzt den Reiter in eine passende Stimmung, und gewährt eine mäßige Motion. — Reil machte die Bemerkung bei einer Cavalcade, daß anfangs, wo das Gespräch um Gespenstergeschichten sich wandte, Schritt geritten wurde. Je näher nun die Pferde den heimathlichen Ställen kamen, desto munterer ging es voran — gleichzeitig mit dem rascheren Schritte der Pferde belebte sich auch die Conversation, die beim Eintritte in die Thore von Halle mit dem gestreckten Trotte den lustigsten Schwung genommen hatte. So wie nun das rasche Pferd die Conversation unvermerkt anfacht und aufregt, so beruhigt der langsame Esel. — Ein bequemer Sattel ist übrigens ein nothwendiges Erforderniß beim Eselritte.

del, sind oft die unmittelbaren Folgen eines Fehlgriffes oder Uebermaßes im Trinken. — Einem gar zu schwachen Magen kommt man wohl mit einem Stückchen Orangenschale, Calmus, Ingwer, nach dem jedesmaligen Trinken gekauet, oder einem Pfeffermünzkügelchen zu Hülfe. Malfatti räth beim Gebrauche des Carlsbader Wassers gegen jene unangenehmen Erscheinungen eine halbe Stunde vorm Trinken eine Tasse warmer Milch zu genießen. Oefter dürfte wohl, wie bereits oben angedeutet, eine Tasse schwarzer Kaffee, wenigstens vor dem Genusse kalter Quellen, zusagend seyn.

Der Brunnen kann durch seine Kälte oder Hitze den Zähnen schädlich werden; empfindliche Zähne spüren auch die Einwirkung der Kohlensäure. Hiergegen ist von guter Wirkung, die Zähne nach jedesmaligem Trinken mit einem Salbeiblatte abzureiben. — Das beste Zahnpulver ist das Lindenkohlenpulver, und bei angegangenen übelriechenden Zähnen ist es das trefflichste Mittel, sie täglich mit peruvianischem Balsam zu putzen.

An verschiedenen Quellen, z. B. in Schwalbach,

ist es eingeführt, gegen 11 Uhr Morgens nochmals der Quelle zuzusprechen — ein Gebrauch, welchem ich meine Zustimmung nur in seltnen Fällen geben möchte. Besser dagegen ist es, gegen Abend, nach völlig beendeter Verdauung ein oder das andere Glas Brunnen zu trinken; doch ist auch dieses keineswegs einem Jeden rathsam.

Brunnencrisis — Nachwirkung.

Nach einigen Wochen einer täglich wiederholten Trinkcur bleibt bei bedeutenden Heilquellen die tiefere Einwirkung des Mineralwassers auf den Organismus nicht aus. Allmälig werden die Säfte des Körpers von dem täglich ihnen dargebotenen Heiltranke imprägnirt; sie nehmen Stoffe, welche ihnen fehlen, willig auf, und stoßen andere, welche zu assimiliren sie sich weigern, von sich, wodurch sich critische Rückwirkungen offenbaren, die in der Gestalt fieberhafter Regungen, allgemeiner Unbehaglichkeit, Gemüthsverstimmung, Mangel an Appetit, Schlaflosigkeit, Congestionen, Auftreibung und Verstopfung des Leibes, Schwindel u. s. w. unter dem Namen „Brunnencrisis," „Brunnenfieber" bekannt sind.

Jede Heilung ist das Resultat eines Kampfes, welchen der krankhafte Organismus mit dem Arzneimittel eingehen muß. Ist das Arzneimittel stärker, als der Organismus, so überwindet es ihn; solche Mittel heißen Gifte. Ist aber der Organismus dem ihm dargebotenen Heilmittel überlegen, so geht er siegreich aus dem Kampfe hervor. Es ist nun die Aufgabe der ärztlichen Kunst, den kranken Organismus mit gerade solchen Arzneimitteln in Kampf zu bringen, welche erfahrungsgemäß ihn von den Schlacken der Krankheit reinigen, nicht minder jenen Kampf so zu lenken, daß der Organismus, welcher ja Kämpfer und Kampfplatz zugleich ist, nicht zu sehr darunter leiden.

Statt des furchtbaren Wortes „Kampf," könnte man die Ausdrücke „Wahlverwandtschaft, Wechselwirkung" gebrauchen, um sich die Lebensvorgänge zu erklären oder vielmehr anschaulich zu machen.

Nicht immer entsteht, wie bemerkt, die Brunnencrisis im Laufe der Cur. Oft geht der krankhafte Zustand unvermerkt (**per lysin**) in Besserung über; oft kommen critische Bewegungen erst in der Heimath — wohl erst nach Monaten — in Folge der Cur zu Wege. Ersteres ist besonders bei der kleinen Cur der Fall, oder wo der Körper willig die ihm dargebotenen Heilstoffe aufnimmt, deren er bedürftig ist. So zeigt es sich z. B. oft bei der Eisencur der Bleichsüchtigen. Durstig nimmt hier die blasse Blutmasse das dargebotene, fein aufgelöste Eisen in sich auf, und die allmählig sich röthenden Wangen geben, möcht' ich sagen, das Zeugniß innerer organischer Lebensfreude. — Bei anderen tiefgewurzelten Cachexieen aber tritt nicht selten der zweite Fall ein, daß nach Monaten, wo oft schon der Kranke an seiner Heilung verzweifelt, durch critische Bewegungen (Schweiße, Ausschläge, Ausleerungen rc.) die Heilquelle wunderbar n a c h w i r k t. Eine solche Nachwirkung entsteht jedoch später auch wohl unvermerkt (**per lysin**) ohne critische Revolution bei Solchen, welche während der ganzen Curzeit keine Spur einer wohlthätigen Einwirkung, ja nicht einmal Verschlimmerung wahrnehmen konnten.

Dieses alles von vorn herein zu wissen, ist jedem Brunnengaste nützlich, manchem tröstlich. — Viele haben die Vorstellung, am Curorte sofort aus der Hölle der Krankheit in den Himmel der Genesung einzugehen; sie müssen aber wissen, daß hier vielmehr der Ort der Läuterung und Reinigung ist, die oft nicht ohne große Unbequemlichkeiten vor sich geht! Sie müssen wissen, daß die Cur nicht selten alte Leiden, die längst schwiegen, wieder zum Vorschein bringt, und diese nur schlafenden, doch keineswegs besiegten Feinde von Neuem in die Schranken des Kampfes ruft!

Gewöhnlich sind es jedoch nur — wenn der Ausdruck erlaubt ist — die Schatten der früheren Leiden, welche während der Brunnencrisis noch einmal vorüber ziehen — längst geheilte Narben schmerzen wieder, längst geheilte Knochenbrüche, sogenannte Calender und Krankheits-Nachklänge bringen sich wieder schmerzhaft in Erinnerung; — selten, und nur bei sehr auflösenden Curen, z. B. in Carlsbad, ereignet es sich, daß alte Wunden wirklich wieder aufbrechen u. dgl.

Von der Bestimmung des Brunnenarztes hängt es ab, ob der Kranke im Zustande des Brunnenfiebers forttrinken und fortbaden darf, wie alsdann die Diät zu modificiren, und ob anderweitiges ärztliches Einschreiten nothwendig wird; — denn die Zufälle können zu gefahrdrohender Höhe sich steigern.

Offenbaren sich im Laufe des Brunnenfiebers critische Ausleerungen, wie man dergleichen oft von überraschender Quantität und Qualität durch Stuhlgang, Schweiß, Urin ꝛc. wahrnimmt: so pflegt daraus unmittelbar das heiterste Wohlbefinden hervor zu gehen, unter welchem die Cur mit steigendem Wohlgefühle zu Ende gebracht wird. Doch verläuft das Brunnenfieber nicht immer mit so in die Augen fallenden critischen Ausleerungen; da ist denn anzunehmen, daß ungesehene innere Umstimmungen von diesem Fieber bewerkstelligt werden; ohne Zweifel sind damit auch Aussonderungen krankhafter Stoffe verbunden, *welche nicht in die Sinne fallen.*

Dergleichen gehen ja nicht selten durch die s. g. unmerkliche Ausdünstung vor sich, z. B. bei Gichtparoxysmen, wodurch die merkwürdige Erscheinung sich erklärt, daß Thiere (Meerschweinchen, Kaninchen rc.) an gichtisch-entzündete Glieder gelegt, bald unruhig, und wenn sie nicht entfliehen können, gleichfalls krank und gichtisch-contract werden.

Die Lehre von der Nachwirkung der Brunnencuren hat das Schicksal, von manchen Ungläubigen als ein leerer Trost beim Abschiede angesehen zu werden, was sie in der That nicht ist. Allerdings hilft nicht jede Brunnencur jedem Curgaste, und wer wollte von einer vierwöchentlichen Curzeit verlangen, daß darin alles wieder gut gemacht werde, was ein jahrelanges, unregelmäßiges Leben oder auch ein tiefliegendes unverschuldetes Kranksein desorganisirte?

Von diesem Gesichtspunkte betrachtet, wird man es auch nicht unbillig finden, wenn in veralteten Fällen der Arzt auf eine mehrjährige Wiederholung der Cur besteht; eine Anforderung, welcher in früheren Zeiten weit mehr, als in unserm ungedulbigen Zeitalter des Schnelllebens und der Schnellcuren Gehör gegeben wurde. So besuchte der berühmte Mineralog Werner neun und vierzig Jahr hinter einander Carlsbad; so begrüße ich in Driburg noch jährlich Curgäste, die dort seit Decennien in jeder Saison heimisch sind, und allen vielsitzenden Geschäftsmännern ist eine solche jährliche Excursion anzurathen.

Die Nachwirkung der Brunnencuren wird nur zu häufig verkannt und noch öfter gehemmt und gestört! Nicht selten wird die Cur, welche durch die Umstände oder den Eigenwillen der Kranken auf eine bestimmte Zahl von Tagen von vorn herein festgesetzt war, ohne zu erwägen, daß sich die Natur dergleichen Ordonnanzen nicht immer gefallen läßt, in der besten Wirkung unterbrochen — eine beschwerliche Heimreise, der Drang neuer Sorgen und Geschäfte bei der Rückkehr hemmt die eben begonnenen Heiloperationen, und es heißt dann, die Cur sey nicht angeschlagen. — Mancher kehrt in Verzweiflung über nutzlos verschwendete Zeit und Kosten, wie er glaubt, verschlimmert heim, verfällt wieder in seine alten üblen Gewohnheiten, fängt von

Neuem an, täglich Medicin zu nehmen, und das Uebel wird ärger als vorher. Auf solche Weise wird die Nachwirkung des Brunnens geradezu gehemmt und gestört. — — Andere, ebenfalls unzufrieden mit ihrer Cur, kehren resignirt zu den Ihrigen zurück — im Laufe des Winters entstehen jedoch unversehens critische Erscheinungen, und damit, oder auch ohne solche, allmählig Besserung. „Das hat die Natur gethan," heißt es dann (oder vielleicht ein homöopathisches Streukügelchen). Freilich hat es die Natur gethan; allein hätte sie es ohne die Sommercur vermocht? das ist die Frage! — Auf solche Weise wird die Nachwirkung verkannt.

Höchst einseitig wäre übrigens, es läugnen zu wollen, daß es Fälle giebt, wo die Brunnencuren nicht nur unwirksam, sondern wo sie geradezu schädlich sind. Sollen wir uns schämen, einzugestehen, daß es Krankheitsfälle gebe, die dem jetzigen Stande der Heilkunde gemäß unheilbar sind? Wird nicht manchmal vom Hausarzte aus Unkunde oder Vorliebe der unpassende Curort vorgeschlagen? und lassen nicht Brunnenärzte manchmal Kranke zum Gebrauch ihrer Quellen, denen sie billig eine andere Heilquelle empfehlen sollten? Wie oft geschieht es endlich nicht, daß Kranke, ohne ärztlichen Rath, oder doch ohne diesem strenge Folge zu leisten, einen ihrem Zustande übrigens passenden Brunnen unzweckmäßig gebrauchen! — Kein Wunder, daß unter solchen und ähnlichen Umständen die Brunnencuren mißlingen und schaden!

Soviel von der Trinkcur.

Nachcuren.

Wie die Vorbereitungscur im Wesentlichen nichts Anderes ist, als der allmählige Beginn der Cur: so ist die Nachcur nur das allmählige Nachlassen derselben. Die Vorcur ist das Besteigen des Berges, auf dessen Gipfel die Cur vor sich geht, und von dem man durch die Nachcur wieder herab steigt. In einem alten Reiterspruche sagt das Roß: den Berg hinauf reite mich; auf der Höhe tummle mich;

den Berg hinab leite mich. Man könnte diese Regel auf den Cyclus der Cur anwenden, wo ebenfalls die Vorcur mit Besonnenheit eingeleitet, die Cur mit Energie durchgeführt werden soll, und die Nachcur mit Vorsicht wieder in die Ebene des gewohnten Lebensganges zurück führt. In der That bedarf es einer gesteigerten Vorsicht nach einer durchgreifenden Cur, und der Curgast hat sich nach einer solchen Revolution, wie v. Ammon richtig bemerkt, als ein von einer bedeutenden Krankheit Genesender zu betrachten.

Ehemals war es die Meinung der Aerzte, jeder Genesung durch s. g. **Roborantia** zu Hülfe kommen zu müssen; bittere Tropfen, Stahlwein u. dgl. beschlossen die Cur. So pflegte man auch die Brunnen- und Badecuren mit einer (vermeintlich) stärkenden Nachcur, meistens in den stärkeren Stahlbädern zu beschließen, wie man sie durch auflösende Mittel begonnen hatte. In Schwalbach, Pyrmont, Driburg, Eger, Spaa rc. erschienen zur Nachcur Schwärme von Nachzüglern, welche ihre Hauptcur in Carlsbad, Ems, Aachen, Nenndorf rc. abgemacht hatten. Andere brauchten ihre stärkende Nachcur zu Hause, wo sie entweder die gebrauchten, oder andere, meist Eisenwasser, noch einige Wochen nachtranken, und wohl noch hin und wieder ein stärkendes Kräuterbad nahmen.

Die Mode unsrer Zeit will auch die Nachcuren, diese Appendices — gleichsam die Zöpfe der Curen — rein abschneiden, und zwar nicht immer zum Frommen der Kranken.

Es wird aber genügen, uns hierüber in aphoristischen Andeutungen auszusprechen, damit nicht dieses Büchlein, welches zur Lectüre am Brunnen bestimmt ist, durch ermüdende Weitschweifigkeit das Geschick verdiene, selbst zur Nachcur zurück gelegt zu werden.

Es ist mißlich, bei der Rückkehr aus den Thermen zur Nachcur an Eisenquellen vorzusprechen — der umgekehrte Fall tritt wohl nicht ein.

Nicht immer ist, wie schon Fenner sagt, die stärkere Quelle zum Uebergange von der schwächeren als Nachcur indicirt.

Es ist bedenklich, nach gebrauchten warmen Bädern jeder Art zur Nachcur Seebäder zu gebrauchen; deßgleichen Flußbäder. Die Alten machten es umgekehrt, wenigstens im diätetischen Verfahren; sie badeten in den Wogen des Meeres;

„Aber nachdem die Wogen den vielen Schweiß der Arbeit
Ganz den Gliedern entspült und ihr muthiges Herz sich erlabet,
Stiegen sie ein zum Bad' in schön geglättete Wannen."

Homer. Ilias. X.

Auf der Heimreise als Nachcur das Brunnentrinken fortzusetzen, ist nur dann rathsam, wenn kleine Tagereisen gemacht werden, wenn das Fahren nicht Congestionen und Obstructionen hervorbringt, wenn gute Diät beobachtet werden kann — Bedingungen, denen in der Regel auf Reisen nicht genügt wird. Ein Glas Bitterwasser bekommt dagegen vielen Reisenden, vorm Schlafengehn getrunken, vortrefflich.

Zu Hause eine Nachcur von Mineralwasser zu brauchen, ist Manchen, deren Verhältnisse eine längere Brunnencur nicht gestatten, unerläßlich, etwa in der Form der kleinen Cur; doch sollen sie geistig und körperlich eine Diät halten, die der Brunnendiät möglichst nahe kommt.

Wofern nicht neue Uebel zum Vorschein kommen, oder die alten zu lästig werden, möge Jeder, der von einer treulich und pünktlich gebrauchten Cur dennoch dem Anscheine nach ungebessert heimkehrt, sich in den ersten Monaten aller Arzneien enthalten, um der Nachwirkung Spielraum zu gestatten.

Ein naturgemäßes Leben, durch die Cur eingeleitet, Mäßigkeit in Genüssen und Arbeiten, Leibesbewegung und Gemüthsruhe — wer diese Gewinne von der Brunnencur gezogen hat, bewahre sie für und für — und wem es leichter wird, solche unter der Firma einer „Nachcur" fest zu halten, der bediene sich einer solchen Nachcur bis an seines Lebens Ende!

Zweite Abtheilung.

Brunnendiätetik.

D i ä t.

Unter Diät verstehen wir die **tägliche Lebensordnung** im weitesten Sinne.

Durch vernunftgemäße, freie Anordnung der Lebensweise unterscheidet sich der cultivirte Mensch vom rohen Wilden, um nicht zu sagen, vom Thiere. Das Thier wird vom Naturtriebe unmittelbar geleitet, fast ebenso der Wilde; erst bei dem Cultivirten wird das Sinnliche unter die Herrschaft des Geistigen gestellt, der Trieb vor dem Richterstuhle der Vernunft geprüft, und gebilligt oder verworfen. Die humane Bildung ist die Quelle des Maßes, der Zucht und Sitte; die falsche Cultur, die einseitige Ueberfeinerung ist die Mutter des Luxus, jener raffinirten Schwelgereien aller Art, wie sie uns die Geschichte hoch- und dennoch einseitig-gebildeter Völker, besonders der Römer unter den Kaisern, mit Entrüstung und Abscheu erzählt.

Je gewisser es nun ist, daß die mehrsten Krankheiten des Menschen aus übler Lebensordnung allmählig hervorwuchern, ganz besonders aber diejenigen Krankheiten, die ihre Heilung an den Mineralquellen suchen: um so nothwendiger ist gerade hier auch die diätetische Strenge. Einestheils sollen dadurch die ferneren Bedingungen des Erkrankens gehoben, der Krankheit selbst so zu sagen ihre fernere Nahrung abgeschnitten werden; anderntheils verlangen die Mineralwasser zu ihrer Verdauung und ungestörten Einwirkung auf den Organismus eine einfache und naturgemäße Lebensweise; endlich stehen gewisse Nahrungsmittel mit gewissen Mineralwassern geradezu in Feindschaft — möge man dieses auf chemische oder andere Weise erklären.

Die allgemeine Diätetik beaufsichtigt nun Schlaf und Wachen des Menschen, seine Thätigkeit und seine Genüsse, sein ganzes Thun und Treiben. Die Brunnendiätetik, wovon im Folgenden die Rede seyn wird, ist aber eigentlich ein Krankenregimen, umfaßt somit einen engeren Horizont.

Schlaf und Wachen.

Das Nacht- und Tageleben unsres Planeten wiederholt sich in den höheren Geschöpfen als Schlaf und Wachen. Die von der Sonne beschienene Hälfte unsrer Erde wird erleuchtet und erwärmt — sie belebt sich — die Pflanzen richten sich auf — die Thiere ermuntern und regen sich — dieses gesteigerte Leben nennen wir Tag. Auch der Mensch, theilnehmend an dem allgemeinen Planetarleben, erwacht zu gesteigerter Lebensäußerung, zum Wirken und Schaffen, zu seinem Tagewerk. So will es die Natur. Der Mensch ist jedoch nie bedingt Freigelassener aus den Fesseln der Natur. Die vernünftige Freiheit besteht aber in williger Anerkennung des Gesetzes — des ewig wahren Naturgesetzes; denn die Natur hat immer Recht. Somit soll der Mensch mit Freiheit seinen Tag beginnen, wenn ihn die niederen Wesen des Planeten mit Nothwendigkeit beginnen. Die Versetzung des Taglebens in die Nacht und des Schlafs in den hellen Tag, welche das verkünstelte Leben cultivirter Nationen eingeführt hat, ist eine Sünde wider die Natur, die nie ungestraft bleibt.

„Es ist gewiß, ein ungemäßigt Leben,
Wie es uns schwere, wüste Träume gibt,
Macht uns zuletzt am hellen Tage träumen."

Je klarer der Tag durchlebt wird, desto tiefer und erquickender wird die Nacht durchschlafen. Es ist also die Aufgabe der Diätetik, den Tag und die Nacht des Menschen möglichst mit dem Tage und der Nacht der allgemeinen Natur zu vereinigen. Und hier bietet die Brunnencur dem Naturgesetze treulich die Hand. Allmälig soll sich hier der luxuriös Verwöhnte dem Curgebrauche anschließen, und die Morgensonne am Brunnen begrüßen, wenn nicht critische Morgenschweiße oder ein gar zu zerrüttetes Nervensystem ihn in die Klasse der Morgenschläfer verweisen, über welche wir bereits früher Hufeland's Ausspruch vernommen haben. — Man lege sich aber nur Abends zu rechter Zeit zu Bette, und allmälig wird man früher einschlafen und ebenso aufstehen lernen! Die Mondscheinpartieen, so wie die Spiel= und Theegesellschaften in die Nacht hinein sind am Bade keineswegs zu gestatten. Die Neuheit der Umgebungen am Curorte, das ungewohnte Lager, die Nachklänge der Reise, die Aufregung der Cur sind zwar oft Hindernisse des ruhigen Schlafes, die jedoch zum großen Theile durch die Gewohnheit bald beschwichtigt werden.

Vielen ist es rathsam, ein Glas gewöhnliches Wasser vor'm Schlafengehen zu trinken, und aufregende Gespräche und Lectüre Abends zu meiden.

Männer, welche vorm Schlafengehen gern eine Pfeife rauchen, thun wohl, sich am Badeorte davon zu entwöhnen, und — es auch später nicht wieder anzufangen.

Um nicht zu früh von der Tageshelle im hohen Sommer geweckt zu werden, sorge man für bequeme Stellung des Bettes. Sehr schädlich für die Augen ist es, wenn durch ein Fenster nach Osten die ersten Sonnenstrahlen den Schlafenden wecken; auch das Mondlicht ist nicht gleichgültig, wenn es auch bei uns nicht Blindheiten veranlaßt, wie im Orient.

Selbst im wärmsten Sommer schlafe man nie

bei offnen Fenstern; die Nachtluft ist eine Feindin der Gesundheit und den Schlafenden beschleicht sie wehrlos.

Wie lange man schlafen soll, hängt vom Temperamente, Lebensalter, von der Jahreszeit, vom Gesundheitszustande und von der Thätigkeit am Tage ab. Im Beginne und gegen das Ende des Lebens bedarf der Mensch nicht sowohl längeren, als öfteren Schlaf; in der Mitte des Lebens einen tieferen und etwa ununterbrochen 6 bis 8 Stunden. Ebenso bedarf der schwächlichere Curgast öfter der Ruhe, und mancher erträgt die neue Lebensweise nicht ohne eine Stunde Nachmittagsschlaf. Eine unrichtige Ansicht ist es, daß man immer am Nachtschlafen wieder entbehren müsse, was man Nachmittags an Schlummer genießt; gegentheils schlafen reizbare Personen oft Nachts besser, wenn sie auch im Laufe des Tages einmal durch den Schlaf sich calmiren, als wenn sie sich gewaltsam wach erhalten.

Gegen den Jammer der Schlaflosigkeit sind von dem geistreichen Jean Paul, der selbst daran litt, eine Reihe moralischer Mittel zusammen gestellt in einem Aufsatze, der sich sehr wohl als Brunnenlectüre eignet und worauf ich die Leser verweise. — An mir selbst, der ich in trüben Tagen den Trost des Schlafes entbehrte, erfuhr ich, daß unter jenen Mitteln nicht sowohl die Vorstellungen, welche Langeweile machen sollen, als vielmehr die, welche dem Geiste ein mährchenhaftes, kindlich poetisches Spiel gewähren, die Seele in den schuldlosen Zustand des Schlafes einwiegen.

Kommt im Schlafe der Mensch, dem Naturgeiste, dem universellen Leben sich hingebend, von sich: so soll er dagegen im Wachen das concentrirteste individuelle Leben führen, und im eigentlichsten Sinne zu sich kommen und bei sich seyn! Der Tag erlöse die Psyche aus dem Verpuppungszustande des Schlafes, und die freieste, klarste Thätigkeit des Gehirns sey die Sonne des menschlichen Taglebens! — Das ist die Aufgabe des Gesunden; der Kranke aber kann, ja er darf sich nicht zu diesem Culminationspunkte des Daseyns emporschwingen.

„Wir sind nicht wir, wenn die Natur im Bann
Die Seele zwingt, mitsammt dem Leib zu dulden —"

sagt Shakespeare treffend. — Als Kranker ist aber wohl jeder Curbedürftige anzusehen und als solcher hat er, der seinen stockenden Organismus hergestellt wünscht, die höheren nervosen Functionen vor allen zu schonen. Das Gehirn und Nervensystem ist als ein edleres parasytisches Gewächs zu betrachten oder als ein edleres Reis, welches, auf den niedern vegetativen Stamm des Leibes gepfropft, von diesem seine Nahrung zieht, deren es um so mehr bedarf, je lebendiger es selbst sich ausbreitet. — Wo nun aber das genannte vegetative Leben, z. B. des Unterleibs, des Blutsystems, des Lymphsystems ꝛc. selbst darnieder liegt, da muß, es ist einleuchtend, das höhere, nervose Seyn mitleiden, und eben so einleuchtend ist es, daß das eine mit dem andern geschont werden muß. So erweist es sich denn auch in der Erfahrung. — Manche Geschäftsmänner bringen Actenstöße oder literarische Arbeiten mit an den Curort, welche sie dort, wo ihnen ja so manche müßige Stunde übrig bleiben dürfte, zu vollenden gedenken. Sie werden jedoch meistentheils bald gewahr, daß man nicht zugleich zweien Herrn dienen kann, daß es mit den Geistesarbeiten beim ordentlichen Gebrauch der Cur nicht voran will; denn es bemeistert sich des Curgastes glücklicherweise gewöhnlich bald eine gewisse sorglose Arbeitsunlust, wie man sie auf längeren Seereisen zu erfahren pflegt. Die aber, welche dennoch den Winken der abmahnenden Natur sich eigenwillig entgegen stemmen, werden es mit Kopfschmerzen, Schwindel, allgemeinem Mißbehagen und gesteigerter Störung der leidenden Functionen und Organe büßen müssen.

Damit ist jedoch keineswegs gemeint, daß vom Curorte aller Geist (den Brunnengeist etwa ausgenommen) verbannt seyn soll, daß nur Haut und Magen zum Baden und Brunnentrinken hier in Thätigkeit seyn sollen! Es ist ein großer Unterschied zwischen strenger Geistesarbeit und jener leichten geistigen Anregung, ohne welche das Leben seinen humanen Character verlieren würde! Eine strenge Facultäts- oder Senatssitzung unterscheidet sich hinlänglich von einem geistreichen geselligen Kreise, wie es etwa der seyn mochte, welchem die köstlichen Erzählungen, die uns Boccaccio aufbewahrt hat, ihren Ursprung verdanken. Es ist im Gegentheil zu wünschen, daß gerade die Curorte die Centralpunkte des ächten guten Tones seyn möchten. Welchen reichen Stoff bietet nicht die freie Natur zur Unterhaltung — aber freilich beschränkt sich die leztere so oft nur auf die Meteorologie, ich meine auf das gute oder schlechte Wetter. Wie vielseitig ist nicht der Stoff zur Unterhaltung in einen Cirkel, der aus manchen Ländern am Curorte zusammenströmt — aber freilich beschränkt eine gar zu ängstliche Vorsicht, Umsicht, Rücksicht in unsrer Zeit zu oft allen freimüthigen Austausch der Ansichten. Wie leicht machen sich nicht am Brunnen erfreuliche Bekanntschaften — aber freilich gehört eine gewisse Zurückhaltung jezt fast zum guten Tone.

So ist es denn (und zwar vorzüglich in den großen Bädern) kein Wunder, daß Mancher, der misanthropisch ankommt, ebenso wieder abreist, ohne eine erfreuliche Bekanntschaft gemacht zu haben — das Wasser allein thut's freilich nicht! — So ist es erklärlich, daß sich oft die Spieltische von lauter Herren, und die Theetische von lauter Damen umgeben finden, und dort die Leidenschaften das Gemüth gewaltsam aufregen, unterdeß hier die Langeweile ihre Schlummerkörner streut. — — Dann muß die Lectüre aushelfen, oder in schwermüthigen Briefen wird die Sehnsucht nach der Heimath ausgeklagt. Zu vieles Lesen greift aber bei der Cur die Augen und den Kopf leicht an und die Wahl und Zeit der Lectüre ist hier am wenigsten gleichgültig. Eine Stunde zwischen dem Frühstück und Bade oder eine Abendstunde eignet sich am besten zum Lesen und Schreiben. Manche Schriften Jean Pauls, Lichtenbergs, überhaupt jene, worin ein heitrer gesunder Geist weht, eignen sich besser zur Lectüre als die dickleibigen Romane und die dünnen Entsagungsnovellen unsrer Zeit.

Musik und Zeichnen, wenn sie nicht bis zur Ermüdung getrieben werden, sind zu empfehlende Genüsse. Ueberhaupt ist der Tag so einzurichten, daß die Cur als das eigentliche Tagewerk, alles übrige aber als Genuß anzusehen ist. Steffens scheint die Aeußerung „daß hienieden des Reichen Arbeit in Genuß und des Armen Genuß in Arbeit

8 *

bestehe," im Bade, von lauter Reichen umgeben, geschrieben zu haben, von wo aus es sich denn recht behaglich ansieht, wenn im Hintergrunde der Landschaft der fleißige Landmann den „Genuß" hat, im Schweiße seines Angesichtes seinen Acker zu bauen. —

Der beste Genuß, der beste Zeitvertreib am Badeorte ist immer die Geselligkeit, der lebendige gegenseitige Verkehr — und wenn Bacon sagt: der Umgang mit den Büchern sey der mit den Weisen, der Umgang mit den Menschen sey fast immer der mit den Thoren, so wird zu erwägen seyn, daß es ein abgesetzter Staatscanzler ist, der so verächtlich von den Menschen seiner Bekanntschaft, und daß es ein Philosoph ist, der so lobend von den Büchern seiner Bekanntschaft spricht. Seitdem hat auch längst Lichtenberg ein „Bedlam für tolle Bücher" errichtet, eine Anstalt, die immer mehr in Flor kommt.

Doch genug zur Andeutung, wie das Schlafen und Wachen am Curorte nach diätetischer Ordnung einzurichten seyn wird.

Diät in Speise und Trank.

Der Mensch zieht seine Speise aus allen Naturreichen; er kann eine Zeitlang sich blos aus dem Mineralreiche ernähren, wie uns Humbold von den Otomaken, einem Südamericanischen Volksstamme am Oronoko, erzählt, daß sie in der nassen Jahreszeit, wo es ihnen an anderweitiger Nahrung fehlt, von einer fetten Thonerde Monatelang leben; er kann von bloßer Pflanzennahrung leben — Rousseau u. A. waren sogar der Meinung, dieses sey die eigentlich humane und humanisirende Nahrung; — er kann endlich von bloß thierischen Substanzen leben; so ernähren sich die Grönländer und Kamtschadalen von Fischen, ja mit Fischen ernähren sie ihre Rinder und Schafe.

Magendie hat die Nahrungsmittel eingetheilt in Stickstoffhaltige (Fleisch mit Ausnahme des Fettes, Eiweiß, Gallerte, Käse, Hülsenfrüchte, Spinat, Nüsse u. s. w.) und Stickstofflose (Zucker, Obst, Getraide, Reis, Kartoffeln u. s. w.).

Auch sein Getränk bezieht der Mensch aus

allen drei Naturreichen: Wasser aus dem Mineralreiche, Wein, Bier rc. aus dem Pflanzenreiche, Milch rc. aus dem Thierreiche.

Der Alles genießende Mensch unterscheidet sich aber von mehreren Alles fressenden Thieren wesentlich durch die künstliche Bereitung der Nahrungsmittel, eine Art von Vorverdauung. Er ist sich einer höheren Lebensaufgabe bewußt, als zu vegetiren, er spart seine Lebenskraft zu höherer Thätigkeit, als daß er sie thierisch im bloßen Verdauen consumiren sollte*). So erscheint die Kochkunst als

*) Ueber die Verdauungskraft verdanken wir den Aerzten interessante Beobachtungen. Spalanzani gab Hühnern, Truthühnern rc. Bleikugeln ein, woraus Lanzettenspitzen hervorstanden — die Kugeln gingen ab, die Spitzen waren abgebrochen! Steevens stellte bei einem deutschen sogenannten Steinfresser Versuche an. In eine silberne Hohlkugel, welche Löcher hatte, that er $4\frac{1}{2}$ Skrupel rohes Rindfleisch und 5 Skrupel Fisch, und ließ die Kugel verschlucken. Nach 21 Stunden zeigte sich, daß das Rindfleisch $1\frac{1}{2}$, der Fisch 2 Skrupel verloren hatte. Gekochtes verlor etwas mehr, zerkautes verschwand ganz aus der Kugel. Rohe Vegetabilien, Steckrüben, Kartoffeln rc. verschwanden. Lebende Regen-

eine wahrhaft die Humanität befördernde, achtungswerthe Kunst — nur Schade, daß sie gar zu leicht zur verderblichen Künstelei wird, so wie die künstliche Bereitung der Getränke nur zu oft zu einer wahren Giftbrauerei wird!

Nous avons dans la Société deux ordres de personnes, — sagt Diderot — les médecins et les cuisiniers, dont les uns travaillent sans cesse à conserver notre santé et les autres à la détruire, avec cette différence que les derniers sont plus sûrs de leur fait que les premiers. — Somit hat die Diätetik gewissermaßen die Aufgabe, gegen die Kochkunst in die Schranken zu treten, und mit Recht steht an wohleingerichteten Curorten die Küche unter ärztlicher Aufsicht. Wenn aber im Geräusche der

würmer und Blutegel wurden aufgelöst. — Im Magen der Hunde lösen sich Knochen, ja elfenbeinerne Kugeln ganz auf, dagegen wirkt der Magensaft dieser fleischfressenden Thiere fast gar nicht auf Vegetabilien; bei den Wiederkauern verhält sichs umgekehrt. — Durch dergleichen Versuche und durch die tägliche Erfahrung haben wir die nährende Kraft sowohl, als die leichtere Verdaulichkeit der verschiedenen Nahrungsstoffe kennen gelernt.

Küche manch ärztliches Veto überhört wird, so wenden wir uns andrerseits an den Gast, dem die Auswahl an den, oft zu wohl besetzten Curtafeln schwierig wird. Wir hoffen hier nützlicher und glücklicher zu seyn, als jener ungebetene ärztliche Rathgeber des trefflichen Statthalters Sancho auf der Insel Barataria, indem letzterer bei seinen ausgezeichneten Verdauungstalenten allerdings berechtigt war, sich über die knappe Diät einer Scheibe Melonen, so wie über den diätetischen Vormund zu ereifern.

Das Frühstück.

Wer am Morgen um 6 Uhr den Brunnen zu trinken begonnen, darf vor 8 Uhr das Frühstück nicht erwarten. — Es bereitet vielen Curgästen den genußreichsten Moment des Tages — man hat es sich durch zweistündige Bewegung in freier Luft so zu sagen verdient und die meisten Brunnen erregen den Appetit. Wir müssen jedoch hier sofort wieder in der undankbaren Rolle eines Mentors herzutreten! — — Bis zur Sättigung darf nie gefrühstückt werden, und Manche müssen ein mageres Frühstück dem wohlschmeckenden vorziehen!

Die verschiedenen Heilquellen erfordern nicht gleiche diätetische Strenge; am härtesten ist wohl Carlsbad; die Eisenquellen sind ziemlich tolerant.

Was die Materie des Frühstücks anlangt, so ist die Gewohnheit hierbei nicht unberücksichtigt zu lassen. Der Norddeutsche ist vorzugsweise an Kaffee gewöhnt — und was man auch diesem „langsamen Gifte" Uebles nachgeredet: in den norddeutschen Bädern hat er sich das Bürgerrecht erworben. In Pyrmont, Driburg, Eilsen, Nenndorf ꝛc. dampft überall auf den Frühstückstischen der Kaffee und — er bekommt vortrefflich! Mit dem festen Inbiß zum Kaffee wird dagegen öfters gesündigt — die warmen Semmeln mit fetter Butter bestrichen, die Zwieback mit Gewürz und Butter, diese frischgebackenen fetten Eßwaaren in Uebermaß genossen sind es, was saures Aufstoßen hervorbringt, was Manchem den Magen, den Tag, die Cur verdirbt. Dagegen pflegt Kaffee mit wohlausgebackenem Weißbrod oder Zwieback bald eine erwünschte vermehrte Thätigkeit des Leibes zur Folge zu haben und ist der fetten Chocolade weit vorzuziehen. Bloß Milch oder Milch und Wasser, desgleichen schleimige Suppen sind vielen zu indifferent; der Thee ist meistens untersagt; dem Eichelkaffee, der sogenannten Gesundheitschocolade, können Manche keinen Geschmack abgewinnen — und man kommt dann immer wieder auf den Kaffee zurück. — Zumal die Herren, denen eine Morgenpfeife zum Bedürfniß geworden — wozu sollten sie rauchen, wenn nicht zum Kaffee? und wozu sollten sie Kaffee trinken, wenn nicht zur Pfeife? Sie werden jedoch überhaupt wohl thun, am Badeorte weniger als früher, und (was auch die Meisten bald von selbst inne werden,) sehr leichten Tabak zu rauchen. Manchem gelingt es, eine gute Gewohnheit vom Bade mit in die Heimath zurück zu bringen; so habe ich öfters die Angewöhnung eines festen Inbisses zum Kaffee veranlaßt bei Männern, welche bisher die üble Gewohnheit hatten, gleich nach dem Aufstehen zur Pfeife zu greifen. Hier ersuche ich Jeden, der dieser ungesunden Sitte huldigt, die Gelegenheit, sie abzulegen, wahrzunehmen!

Die Stunde des Frühstücks sey übrigens der behaglichen Ruhe geweiht — ein Blick in die Zeitung, eine leichte Lectüre, ein bequemes Gespräch, mehr soll dem Geiste und Körper nicht an Anstrengung zugemuthet werden. In größeren Cirkel zu frühstücken ist manchmal sehr aufregend, ja aufreibend — man schone sich! — man kann unmöglich vom Morgen bis zum Abend „liebenswürdig seyn," wenn man ernstlich der Cur bedarf!

Ein zweites Frühstück wird allen Schwächeren, besonders Frauen, welchen es bis zum Mittagessen zu lange währt, zu rathen seyn — etwas Butterbrod, eine Tasse Bouillon und dergleichen — nur kein completes Gabelfrühstück mit schweren Weinen und Liqueurs! Eine derartige Restauration ist besonders nach dem Bade Vielen erquicklich, ja nothwendig, und jetzt ist auch die beste Zeit Magentropfen zu nehmen, wofern solche ärztlich verordnet sind.

Das Mittagessen.

Am Hofe Franz I. von Frankreich stand man um 5 Uhr auf, aß um 10 Uhr zu Mittag und um 5 Uhr zu Abend. Jetzt steht die feine Welt zu Paris um 10 Uhr auf, speist um 5 Uhr zu Mittag und um Mitternacht zu Abend. So ist es in allen europäischen Hauptstädten. — Wir sehen uns jedoch hier nicht veranlaßt, über die Verschiebung der Tageszeiten im gewöhnlichen Leben zu reden; nur herrsche am Badeorte eine andre Tagesordnung! Wer am Morgen Brunnen getrunken und gebadet hat, dem läutet in der Regel die Mittagsglocke gegen 1 — 2 Uhr nicht zu früh. Wem es seine Umstände erlauben, der speise in Gesellschaft. Wenn gleich die Tafelstunde am Bade sich gewöhnlich etwas in die Länge zieht: so wird sich doch bei Vielen das alte Wort: „an der heitern Tafel altert man nicht" bestätigen. Die große Gewissenhaftigkeit mancher Tafelgenossen, von Allem zu prüfen, um das Beste zu behalten, ist übrigens nicht gerade musterhaft.

Mit Suppen, meist Fleischbrühen, jede Mahlzeit zu beginnen, ist eine Mode, die nicht jedem Magen zusagt. Von einem strengen Selbstbeobachter (Lichtenberg) dürfen wir uns eine diätetische Regel zurufen lassen, die sich auch auf das zu viele Suppenessen bezieht. „Seit einigen Tagen, schrieb er gegen das Ende seines Lebens, lebe ich unter der Hypothese — denn ich lebe immer unter einer — daß das Trinken bei Tische schädlich sey, und befinde mich vortrefflich dabei; ich habe noch von keiner Aenderung in meiner Lebensart und von keiner Arznei so schnell und handgreiflich die gute Wirkung empfunden, als hiervon."

Die Fleischbrühen unterscheiden sich besonders durch ihren größeren oder geringeren Gehalt an thierischer Gallerte und an Osmazom. Die Kalbsbrühe enthält hauptsächlich den erstern, die Rindsbrühe den letzteren Bestandtheil, und dieser ist so reizend, daß oft schwächere Personen nach sehr kräftiger Rindsbouillon Säure und Durchfall bekommen. — Es ist nie zu unterlassen, Brod zur Suppe zu essen, und sie auf diese Weise gewissermaßen zu kauen, wodurch sie insalivirt und um Vieles verdaulicher wird.

Dem Fleisch, welches zur Suppe gedient hat, sieht man meist seinen invaliden Character an; es liegt dann, wie Jean Paul sich ausdrückt, wie ein caput mortuum in der Schüssel, wenn man es nicht durch fette und würzreiche Saucen restaurirt hat. Ich bitte es liegen zu lassen, jedoch nicht sich in jenen fetten Tourtelets zu entschädigen, die zum schweren Weine reizen sollen — hier taugt weder das Mittel noch der Zweck! Weiches, saftiges, gekochtes Rindfleisch ist aber eine empfehlungswerthe Kost.

Da die Curzeit in Deutschland die beliebtesten Gemüse liefert, so stehen diese gewöhnlich zu beliebiger Auswahl bereit. Wir unterscheiden hier nach Berthold (Physiologie) 1) die Stärkemehl enthaltenden, sehr nährenden, aber oft auch belästigenden Hülsenfrüchte — hieher auch die Kartoffeln, der Reis u. s. w. 2) die Pflanzenschleim vorzugsweise enthaltenden Rübenarten, Kohlarten, Melonen, Schwämme und succulente Pflanzen. 3) Die viel Zuckerstoff enthaltenden Obstarten, unreife Hülsenfrüchte, als grüne Erbsen, die gelben Wurzeln, Pastinacken u. dgl. 4) die säuerlichen Obstarten.

Die Kartoffeln, reich an Nahrungsstoff (Satzmehl, vegetabilischer Gallerte, Gummi, Zucker) enthalten in ihren reifen Knollen wohl nichts Narcotisches mehr, wenn gleich sie der Familie der giftigen Solanaceen angehören. Sie sind auf der Curtafel als tägliches Gericht zu erlauben.

Die Rübenarten, aus der Familie der Cruciferen, reich an Stickstoff und Pflanzenschleim, minder an Zucker und Mehl, manchmal etwas Flüchtigscharfes enthaltend, erregen leichter Blähungen. Der Kohlrabi gehört auch hieher.

Die gelben Rüben oder Möhren, Carotten, gelbe Wurzeln, gehören einer ganz andern Familie (Umbellatae) an. Sie sind die gesundesten, leichtverdaulichsten Pflanzenwurzeln; sie beschweren nicht, auch wenn sie, wie man gegen sie einwendet, nicht immer ganz verdaut werden.

Unter den Kohlarten steht der Blumenkohl obenan. Der weiße Kohl macht leichter Verdauungsbeschwerden; als Sauerkraut eingemacht, gehört er nie auf die Tafel am Bade. Der Spargel, obgleich leicht verdaulich, hat eine medicinische (diuretische) Nebenwirkung und Boerhaave warnt solche, die zum Blutspeien geneigt sind, davor.

Die Hülsenfrüchte müssen durchaus jung (unreif) genossen werden. Reifere Erbsen, Linsen, Bohnen passen nur, wie Horaz vom Knoblauch sagt, für die dura messorum ilia. Sie wirken ähnlich den Kastanien, von denen nach Cabanis die Missionäre Klage führten, daß sie besondere Schwierigkeiten gefunden, bei Kastanien essenden Wilden höhere Gefühle und Ideen zu wecken — auch ist das Pythagoräische Verbot der Bohnen bekannt, als welche physisch und moralisch harthörig machen sollen.

Die Schwämme und Pilze sind im Allgemeinen eine mißliche Kost. Schon ihr Standort an dunklen, feuchten Stellen, ihre zauberhaft schnelle Entstehung aus faulenden, gährenden Pflanzenstoffen, der ihnen eigenthümliche Stoff, die Fungine und manches Andere machen sie als Nahrungsmittel verdächtig, so daß sie wenigstens nur sparsam genossen und mit Behutsamkeit gesammelt werden müssen.

Fast an allen Mineralquellen ist es eine althergebrachte diätetische Regel, frische Salate und frisches Obst zu meiden. Und wenn auch eine Autorität wie die des berühmten Stieglitz das frische Obst empfiehlt, so glauben wir doch immer, daß nur der Genuß der leichteren Obstarten, und auch dieser nicht allen Individuen, zu gestatten ist. Wir machen zu Driburg jährlich die Erfahrung an Unvorsichtigen (Domestiken u. dgl.), daß frische Erdbeeren beim Eisenbrunnen Erbrechen, Coliken, und andere üble Zufälle hervorbringen. Ebenso sind frische Melonen und Gurken von den Brunnentafeln verbannt. Gekochtes Obst dagegen ist sehr empfehlungswerth; Compots von gedörrten gekochten Pflaumen sollten nie an der Tafel fehlen!

Als Beilage zu den Gemüsen empfiehlt sich vor Allem der rohe geräucherte Schinken, wo nicht gewisse Hautkrankheiten ihn verbieten. Er ist schlechterdings die verdaulichste Fleischnahrung. Den Meisten ist auch frischer Hering zu gestatten, geräucherte Ochsenzunge, Göttinger Wurst. Frische gebratene oder gekochte Wurst, fette Cotelettes u. dgl. sind zu vermeiden.

Als Mittelschüssel sind leichte Puddings

und zarte nicht fette Fische zu empfehlen, vor allen Forellen. — Unter den Crustaceen kommen hier besonders die Krebse, in Seebädern Hummer und Krabben, in Betracht, die wir mit Leupold eine zweideutige Kost nennen müssen. Viele Menschen haben eine Idiosyncrasie dagegen, bekommen gleich nach deren Genuß Hautausschlag, Magenkrampf u. dgl. — Schnecken und Austern sind unschädliche Molluskeu; aber freilich kann der arme Magen oft nicht der Quantität Herr werden, welche ihm die leckere Zunge aufgebürdet — und wie es von Mercutio heißt: seine Zunge schwatze in einer Viertelstunde mehr als er in einem Vierteljahre verantworten könne, so ließe sich von manchem Austernesser sagen: seine Zunge schmecke in einer Viertelstunde so viel, daß sein Magen ein Vierteljahr daran zu leiden habe. — Pasteten aus Fleisch, Fischen, Fröschen in pikanten Saucen sind, gleich allen fetten und gewürzten Ragouts, als Mittelschüsseln verwerflich.

Unter den Braten zeichnen sich Geflügel und Wild als die gesundesten aus. Die Sumpfvögel, Schnepfen, Enten ꝛc. enthalten jedoch ein thranartiges

Fett und sind so schwerverdaulich, wie das Schweinefleisch; daher ein holländischer Arzt treffend vor diesen „fliegenden Schweinen" warnte. Unter dem zahmen Geflügel sind junge Hühner, Capaunen und Puter mit Recht beliebte Braten, wie unter den zahmen Vierfüßlern das wohlgenährte junge Rind und Schaaf. Der Kalbsbraten ist vorzugsweise durch die Diätetik der Homöopathen in Verdacht der Unverdaulichkeit gekommen, wofür jedoch der Grund, daß das Kalbfleisch ein unreifes Fleisch sey, nicht einleuchtend ist.

Unter den Producten des Thierreichs ist die Milch das gesundeste; am leichtesten ist die Eselsmilch, dann die Kuhmilch; in der Ziegenmilch ist das fettige schon zu überwiegend, noch mehr aber in der Schaafmilch. Die frische Butter ist das unschädlichste Educt der Milch, wenn überhaupt Fettigkeiten vertragen werden. Minder empfehlenswerth ist der Käse, zumal der frische; am gesundesten der trockne grüne Schweizerkäse; der alte, stinkende Schmierkäse kann giftig werden, wie ich davon mehrere Beispiele bekannt gemacht habe (Hufelands Journ. 1825).

Ferner haben wir unter den Producten des Thierreichs zu erwähnen des Blutes, wobei wir auch der giftigen Blutwürste im Würtembergischen gedenken, von deren Genuß J. Kerner, sowie von dem der giftigen Leberwürste, Krankengeschichten zu Hunderten mitgetheilt hat. — Die Eier endlich, so reich an Nahrungsstoff sie sind, erhitzen besonders durch den schwefelreichen Dotter und sind als Aphrodisiaca berüchtigt, deren es am Brunnen durchaus nicht bedarf. Die Eier der Sumpfvögel sind die schwerverdaulichsten. Die Fischeier (Caviar) sind keine Brunnenkost.

Kuchen und Gebacknes, welche zum Nachtisch aufgesetzt werden, müssen leicht und locker seyn — der Biscuitkuchen empfiehlt sich vor allen. Die Obstkuchen haben gewöhnlich gekleisterten Teig, der dann um so schädlicher, je fetter (Blätterteig) er ist. Eis oder Gefrornes zum Nachtisch kann nicht täglich, und nicht jedem Curgaste gestattet werden, obgleich oft die äußere Hitze des hohen Sommers, oder die innere nach dem Genuß feuriger Weine das Bedürfniß zu diesem Genusse hervorrufen. Hierauf sodann wieder eine oder mehrere Tassen starken Kaffee zu genießen, kann nicht anders als die Verdauungskraft zerstören. Wenn man im Laufe weniger Stunden erstlich durch Wein sich erhitzt, dann durch Eis sich abkühlt, und endlich durch Kaffee sich wieder erhitzt — heißt das nicht sich selbst vexiren? Bei solcher täglichen Ueberreizung gesund zu bleiben ist unmöglich, und dabei will man gesund werden?

Wir haben vor lauter Speisen nicht zum Getränke bei Tische kommen können. Beiläufig ist bereits empfohlen, wenig zu trinken. Bier und Mineralwasser passen nicht zur Curtafel. Der Wein erfreut des Menschen Herz; bei der Cur ist aber Alles willkommen, was erheitert, somit auch der Wein, wofern nicht der Krankheitszustand selbst ihn untersagt, z. B. Blutwallung, zu hohe Reizbarkeit des Nervensystems, Magensäure, hitzige Hautausschläge rc. In der Regel bekommt der leichte, reine Bordeauxwein am besten — auf die Namen, als: **Château Lafitte, St. Julien, St. Estephe etc.** kommt es hier nicht an — durch die Taufe pflegt der Wein auch in diesem Sinne nicht zu gewinnen. Die weißen französischen Weine, als **Graves, Barsac, Sauterne etc.** machen schon eher Säure, noch mehr aber die Rhein- und Moselweine, täglich getrunken. — Es ist ein übler Gebrauch, nach der Suppe ein Glas schweren, süßen Wein (**Madeira, Malaga, Xeres**), dann leichtere Weine und endlich Champagner zu trinken — man bleibe bei einer Sorte! Der Wein ist ein Freund des Menschen; es ist aber nicht rathsam, zu viele Freunde zu haben.

Das Abendessen.

Nicht Jedem genügt eine schleimige Suppe aus Hafer, Graupen ꝛc. und etwas Compot zum Abendessen, wie es die strenge Brunnendiät verordnet. Eine Forelle, ein gebratenes Hühnchen ꝛc., nur nicht zu spät vor'm Schlafengehen genossen, ist dem Hungrigen, zumal nach einer tüchtigen Abendpromenade, nicht zu verwehren.

Es giebt eine gewisse Nervenschwäche, bei welcher der Magen auch Abends eine solche reellere Aufgabe verlangt, wenn er nicht Nachts sich rühren soll. Bei Obstruirten habe ich öfter die Beobachtung gemacht, daß eine etwas vollständigere Abendmahlzeit ihnen den folgenden Morgen weit mehr, als eine magere Suppe erleichterte.

Auch ist hier die gesellige Heiterkeit in Anschlag zu bringen, welche manchmal lieber die Abendtafel, als das förmlichere Diner heimsucht.

Im Allgemeinen gilt jedoch am Brunnen die Regel, am Abende wenigstens so mäßig wie gewöhnlich zu leben, damit nicht die Ruhe der Nacht, welche schon durch die mit der Cur nothwendig verbundene Aufregung gefährdet ist, durch einen überfüllten Magen vollends gestört werde, und damit nicht der Brunnen am folgenden Morgen noch unverdaute Reste vorfinde, denn solche verabscheuet die reine Nymphe, so wie die trüben Dünste des Weines vom gestrigen Tage!

Die Tagesordnung am Brunnenorte.

Das Leben am Curorte soll den Character einer gemüthlichen Heiterkeit haben, eine Aufgabe, welche bei aller Einförmigkeit sehr wohl zu lösen ist. In der That wundern sich die an die größte Geschäftigkeit gewöhnten Brunnengäste nicht wenig darüber, wie leicht am Badeorte der Uebergang zum **dolce far niente** wird, dessen sie sich früher nicht für fähig hielten, welches aber zur Erreichung eines glücklichen Erfolgs der Cur unerläßlich ist. Unvermerkt reihet sich so Tag an Tag, Woche an Woche und überrascht sieht man sich am Ende der Curzeit.

Wenn wir im Laufe dieses Büchleins die einzelnen Momente der Cur näher beleuchtet haben, so wird es nicht überflüssig seyn, zur Recapitulation gleichsam, einen Tag der Cur im Zusammenhange aufzufassen.

Die ersten Morgenstunden werden durch die Trinkcur ausgefüllt. An der Quelle finden sich Befreundete zusammen und verabreden die Partieen für den Nachmittag.

Die Stunde des Frühstücks verbringt man an heitern Tagen im Freien, oder wer von der Trinkpromenade sich gar zu ermüdet fühlt, begibt sich auf sein Zimmer und genießt das ersehnte Frühstück in behaglicher Ruhe auf dem Sopha, indeß noch die letzten Stücke der Morgenmusik ihn von ferne begrüßen. Bis die Zeit zum Bade herannaht, wird ein Buch, eine Zeitung zur Hand genommen, an einem Briefe geschrieben, eine befreundete Stubennachbarschaft im Negligé besucht. Vielleicht haben sich an der Quelle bereits Ereignisse zugetragen, welche mitgetheilt werden müssen — — —

Die Stunde des Bades schlägt!

Nach dem Bade bedarf man wieder der Ruhe, der Erquickung. Bis zum Mittag hat man aber noch mehrere Stunden vor sich. Zeichnung, Musik, ein neues Stickmuster, die Auswahl der heutigen Toilette beschäftigt die Damen; Besuche lassen sich melden oder werden abgestattet. Die Kränkeren erwarten den Besuch des Brunnenarztes, mit welchem die Rüstigeren sich bereits an der Quelle verständigt. Naturfreunde und Freundinnen schließen sich an einander zu kleinen botanischen, mineralogischen Excursionen, zum Landschaftzeichnen u. s. w. — Das Billard füllt sich — in größeren Bädern das Roulet und der Pharaotisch bis die Mittagsglocke ertönt, Allen erwünscht, nur dem leidenschaftlichen Spieler zu früh. Die kostbaren und die billigen Tafeln füllen sich — wer es immer vermeiden kann, sollte nicht einsam speisen! — In den meisten Curorten ist die Tafelordnung, daß die Gäste ohne Unterschied des Ranges sich der Tafel anreihen, so daß die im Beginn der Saison gekommenen Curgäste obenan sitzen und die später kommenden sich unten anschließen. Unter die heitern Töne der Musik mischen sich allgemach die fröhlichen Klänge der Gläser; die Unterhaltung belebt sich — der Tag hat seinen Culminationspunkt erreicht.

Nach der Tafel mischt sich die Gesellschaft. Die Neuangekommenen werden mit den Anwesenden bekannt gemacht. Die am Morgen verabredeten Partieen treten in Ausführung, indeß die Aelteren und Kränklicheren sich in ihrem Zimmer ein Stündchen der Ruhe gönnen. Erwünscht ist es, wenn sich am

Bade ein und der andere **Maître des plaisirs** einfindet, der die Excursionen des Nachmittags anordnet; er ist der Dankbarkeit der Gesellschaft sicher.

Auf einige Stunden wird nun der Badeort stiller. — Zu Wagen, zu Esel, zu Pferde, zu Fuß ist an heitern Tagen Alles ausgeflogen, um die benachbarten Kaffeehäuser, Bellevues und Ortschaften zu besuchen, oder im Schatten des Waldes den selbstbereiteten Kaffee oder ein kühlendes Glas Sauerbrunnen mit Rheinwein und Zucker einzunehmen.

Nach und nach ruft die Abendmusik die Flüchtlinge wieder heim. Manchen ist noch ein oder das andere Glas Brunnen zu trinken verordnet, Anderen das Bad, das Gasbad, die Dampfdouche ꝛc. Die Aelteren aus der Gesellschaft vereinigt passend eine Whistpartie; doch klirrt auch wieder auf der grünen Tafel das Gold, und es schallen einzelne verführerische Laute: „**rouge, impair et manque!**“ aus dem Kaffeehause in die Allee.

Erfreulich ist ein gutes Theater (wozu aber nur in den größten Bädern die Möglichkeit gegeben ist), oder durchreisende Tonkünstler ꝛc. laden zur Abendunterhaltung ein. Die Jugend freut sich geselliger Spiele im Freien, des Ballspiels, Ringspiels, Schaukel — bei übelm Wetter versammelt der Cursaal zu Gesellschaftsspielen, Charadenaufführung u. s. w. Auch der Tanz ist erlaubt, aber mit Mäßigung und nicht in die Nacht hinein!

So wird es am Abend der Gesellschaft oft schwer, sich zu rechter Zeit zu trennen, was doch die Curregel strenge erheischt!

Die schönen Sommertage veranlassen auch manchmal eine weitere Ausflucht vom Curorte. Als Ausnahme läßt sich die Cur wohl auch eine frühere Badestunde gefallen, um den Tag zu einer größern Parthie frei zu geben. Die späte Heimkehr in feuchter Abendluft ist jedoch durchaus zn vermeiden! Ueberhaupt sey das Augenmerk fest gestellt, daß nimmermehr das Vergnügen den Ernst der Cur absorbire, damit man die Früchte der Cur, nicht aber bloß die bald welkenden Blumen der Vergnügungen mit in die Heimath bringen möge, was hiemit schließlich allen Lesern dieser Blätter herzlichst gewünscht sey!

FSC
www.fsc.org
MIX
Papier | Fördert
gute Waldnutzung
FSC® C083411

Kolibri 360 GmbH
Ferdinand-Jühlke-Straße 7
99095 Erfurt, Deutschland
produktsicherheit@kolibri360.de